建筑与市政工程施工现场专业人员职业标准培训教材

施工员考核评价大纲及习题集
（设备方向）

本社组织编写

中国建筑工业出版社

图书在版编目（CIP）数据

施工员考核评价大纲及习题集（设备方向）/本社组织编写．—北京：中国建筑工业出版社，2015.6
建筑与市政工程施工现场专业人员职业标准培训教材
ISBN 978-7-112-18171-1

Ⅰ.①施… Ⅱ.①本… Ⅲ.①房屋建筑设备—工程施工—职业培训—教学参考资料 Ⅳ.①TU712

中国版本图书馆CIP数据核字（2015）第122048号

本书为施工员（设备方向）考核评价大纲及习题集。全书分为两部分，第一部分为施工员（设备方向）考核评价大纲，由住房和城乡建设部人事司组织编写；第二部分为施工员（设备方向）习题集，分为通用与基础知识、岗位知识与专业技能两篇，共收录了约1000道习题和两套模拟试卷，习题和试卷均配有正确答案和解析。可供参加施工员培训考试的同志和相关专业工程技术人员练习使用。

* * *

责任编辑：朱首明 李 明 李 阳
责任校对：张 颖 党 蕾

建筑与市政工程施工现场专业人员职业标准培训教材
施工员考核评价大纲及习题集
（设备方向）
本社组织编写

*

中国建筑工业出版社出版、发行（北京西郊百万庄）
各地新华书店、建筑书店经销
北京永峥有限责任公司制版
北京建筑工业印刷厂印刷

*

开本：787×1092毫米 1/16 印张：14¼ 字数：349千字
2015年7月第一版 2016年8月第二次印刷
定价：**39.00**元
ISBN 978-7-112-18171-1
（27114）

版权所有 翻印必究
如有印装质量问题，可寄本社退换
（邮政编码 100037）

出 版 说 明

建筑与市政工程施工现场专业人员队伍素质是影响工程质量和安全生产的关键因素。我国从20世纪80年代开始，在建设行业开展关键岗位培训考核和持证上岗工作。对于提高建设行业从业人员的素质起到了积极的作用。进入21世纪，在改革行政审批制度和转变政府职能的背景下，建设行业教育主管部门转变行业人才工作思路，积极规划和组织职业标准的研发。在住房和城乡建设部人事司的主持下，由中国建设教育协会、苏州二建建筑集团有限公司等单位主编了建设行业的第一部职业标准——《建筑与市政工程施工现场专业人员职业标准》，已由住房和城乡建设部发布，作为行业标准于2012年1月1日起实施。为推动该标准的贯彻落实，进一步编写了配套的14个考核评价大纲。

该职业标准及考核评价大纲有以下特点：(1) 系统分析各类建筑施工企业现场专业人员岗位设置情况，总结归纳了8个岗位专业人员核心工作职责，这些职业分类和岗位职责具有普遍性、通用性。(2) 突出职业能力本位原则，工作岗位职责与专业技能相互对应，通过技能训练能够提高专业人员的岗位履职能力。(3) 注重专业知识的完整性、系统性，基本覆盖各岗位专业人员的知识要求，通用知识具有各岗位的一致性，基础知识、岗位知识能够体现本岗位的知识结构要求。(4) 适应行业发展和行业管理的现实需要，岗位设置、专业技能和专业知识要求具有一定的前瞻性、引导性，能够满足专业人员提高综合素质和适应岗位变化的需要。

为落实职业标准，规范建设行业现场专业人员岗位培训工作，我们依据与职业标准相配套的考核评价大纲，在《建筑与市政工程施工现场专业人员职业标准培训教材》的基础上组织开发了各岗位的题库、题集。

本题集覆盖《建筑与市政工程施工现场专业人员职业标准》涉及的施工员、质量员、安全员、标准员、材料员、机械员、劳务员、资料员8个岗位。题集分为上下两篇，上篇为通用与基础知识部分习题，下篇为岗位知识与专业技能部分习题，每本题集收录了1000道左右习题，所有习题均配有答案和解析，上下篇各附有模拟试卷一套。可供参加相关岗位培训考试的专业人员练习使用。

题库建设中，很多主编、专家为我们提供了样题和部分试题，在此表示感谢！作为行业现场专业人员第一个职业标准贯彻实施的配套教材，我们的编写工作难免存在不足，因此，我们恳请使用本套教材的培训机构、教师和广大学员多提宝贵意见，以便进一步地修订，使其不断完善。

目 录

施工员（设备方向）考核评价大纲 ·· 1
　通用知识 ·· 3
　基础知识 ·· 5
　岗位知识 ·· 6
　专业技能 ·· 9
施工员（设备方向）习题集 ·· 13

上篇　通用与基础知识

第一章　相关法律法规基本知识 ·· 15
第二章　施工项目管理基本知识 ·· 24
第三章　焊接及焊接管理 ··· 27
第四章　工程制图基本知识 ·· 28
第五章　建筑施工图识图 ··· 30
第六章　建筑给水排水工程 ·· 31
第七章　建筑电气工程 ·· 45
第八章　通风与空调工程 ··· 54
第九章　自动喷水灭火消防工程 ·· 65
第十章　建筑智能化工程 ··· 67
第十一章　力学基本知识 ··· 69
第十二章　电工学基础 ·· 79
第十三章　施工测量基本知识 ··· 90
第十四章　工程预算基本知识 ··· 93
施工员（设备方向）通用与基础知识试卷 ······································ 104
施工员（设备方向）通用与基础知识试卷答案与解析 ······················· 112

下篇　岗位知识与专业技能

第一章　设备安装相关的管理规定和标准 ······································ 118
第二章　施工组织设计和施工方案 ··· 126
第三章　施工进度计划 ·· 129
第四章　环境与职业健康安全管理 ··· 132
第五章　工程质量管理 ·· 140
第六章　成本管理基本知识 ·· 147

第七章　常用的施工机具 …………………………………………………… 153
第八章　编制施工组织设计和施工方案 …………………………………… 159
第九章　施工图识读 ………………………………………………………… 164
第十章　技术交底的实施 …………………………………………………… 168
第十一章　施工测量 ………………………………………………………… 174
第十二章　施工区段和施工顺序划分 ……………………………………… 179
第十三章　进度计划与资源平衡 …………………………………………… 181
第十四章　工程计价 ………………………………………………………… 186
第十五章　质量控制 ………………………………………………………… 188
第十六章　安全控制 ………………………………………………………… 193
第十七章　施工记录 ………………………………………………………… 199
施工员（设备方向）岗位知识与专业技能试卷 …………………………… 203
施工员（设备方向）岗位知识与专业技能试卷答案与解析 ……………… 213

施工员（设备方向）考核评价大纲

通 用 知 识

一、熟悉国家工程建设相关法律法规

（一）《建筑法》
1. 从业资格的有关规定
2. 建筑安全生产管理的有关规定
3. 建筑工程质量管理的有关规定

（二）《安全生产法》
1. 生产经营单位安全生产保障的有关规定
2. 从业人员权利和义务的有关规定
3. 安全生产监督管理的有关规定
4. 安全事故应急救援与调查处理的规定

（三）《建设工程安全生产管理条例》、《建设工程质量管理条例》
1. 施工单位安全责任的有关规定
2. 施工单位质量责任和义务的有关规定

（四）《劳动法》、《劳动合同法》
1. 劳动合同和集体合同的有关规定
2. 劳动安全卫生的有关规定

二、熟悉工程材料的基本知识

（一）建筑给水管材、附件
1. 给水管材的分类、规格、特性及应用
2. 给水附件的分类及特性

（二）建筑排水管材及附件
1. 排水管材的分类、规格、特性及应用
2. 排水附件的分类及特性

（三）卫生器具
1. 便溺用卫生器具的分类及特性
2. 盥洗、沐浴用卫生器具的分类及特性
3. 洗涤用卫生器具的分类及特性

（四）电线、电缆及电线导管
1. 常用绝缘导线的型号、规格、特性及应用
2. 电力电缆的型号、规格、特性及应用
3. 电线导管的分类、规格、特性及应用

（五）照明灯具、开关及插座
1. 照明灯具的分类及特性
2. 开关的分类及特性

3. 插座的分类及特性

三、掌握施工图识读、绘制的基本知识

（一）施工图的基本知识
1. 房屋建筑施工图的组成及作用
2. 房屋建筑施工图的图示特点

（二）施工图的图示方法及内容
1. 建筑给水排水工程施工图的图示方法及内容
2. 建筑电气工程施工图的图示方法及内容
3. 建筑通风与空调工程施工图的图示方法及内容

（三）施工图的绘制与识读
1. 建筑设备施工图绘制的步骤与方法
2. 建筑设备施工图识读的步骤与方法

四、熟悉工程施工工艺和方法

（一）建筑给排水工程
1. 给水管道、排水管道安装工程施工工艺
2. 卫生器具安装工程施工工艺
3. 室内消防管道及设备安装工程施工工艺
4. 管道、设备的防腐与保温工程施工工艺

（二）建筑通风与空调工程
1. 通风与空调工程风管系统施工工艺
2. 净化空调系统施工工艺

（三）建筑电气工程
1. 电气设备安装施工工艺
2. 照明器具与控制装置安装施工工艺
3. 室内配电线路敷设施工工艺
4. 电缆敷设施工工艺

（四）火灾报警及联动控制系统
1. 火灾报警及联动控制系统施工工艺
2. 火灾自动报警及消防联动控制系统施工工艺

（五）建筑智能化工程
1. 典型智能化子系统安装和调试的基本要求
2. 智能化工程施工工艺

五、熟悉工程项目管理的基本知识

（一）施工项目管理的内容及组织
1. 施工项目管理的内容
2. 施工项目管理的组织

（二）施工项目目标控制
1. 施工项目目标控制的任务
2. 施工项目目标控制的措施
（三）施工资源与现场管理
1. 施工资源管理的任务和内容
2. 施工现场管理的任务和内容

基 础 知 识

一、熟悉设备安装相关的力学知识

（一）平面力系
1. 力的基本性质
2. 力矩、力偶的性质
3. 平面力系的平衡方程
（二）杆件强度、刚度和稳定性的概念
1. 杆件变形的基本形式
2. 应力、应变的概念
3. 杆件强度的概念
4. 杆件刚度和压杆稳定性的概念
（三）流体力学基础
1. 流体的概念和物理性质
2. 流体静压强的特性和分布规律
3. 流体运动的概念、特性及其分类
4. 孔板流量计、减压阀的基本工作原理

二、熟悉建筑设备的基本知识

（一）电工学基础
1. 欧姆定律和基尔霍夫定律
2. 正弦交流电的三要素及有效值
3. 电流、电压、电功率的概念
4. RLC 电路及功率因数的概念
5. 晶体二极管、三极管的基本结构及应用
6. 变压器和三相交流异步电动机的基本结构和工作原理
（二）建筑设备工程的基本知识
1. 建筑给水和排水系统的分类、应用及常用器材选用
2. 建筑电气工程的分类、组成及常用器材的选用
3. 采暖系统的分类、应用及常用器材的选用
4. 通风与空调系统的分类、应用及常用器材的选用

5. 自动喷水灭火系统的分类、应用及常用器材的选用
6. 智能化工程系统的分类及常用器材的选用

三、熟悉工程预算的基本知识

（一）工程计量
1. 建筑面积计算
2. 建筑设备安装工程的工程量计算

（二）工程造价计价
1. 工程造价构成
2. 工程造价的定额计价基本知识
3. 工程造价的工程量清单计价基本知识

四、掌握计算机和相关资料信息管理软件的应用知识

1. Office 应用知识
2. AutoCAD 应用知识
3. 常见资料管理软件的应用知识

五、熟悉施工测量的基本知识

（一）测量基本工作
1. 水准仪、经纬仪、全站仪、测距仪的使用
2. 水准、距离、角度测量的要点

（二）安装测量的知识
1. 安装测设基本工作
2. 安装定位、抄平

岗 位 知 识

一、熟悉设备安装相关的管理规定和标准

（一）施工现场安全生产的管理规定
1. 施工作业人员安全生产权利和义务的规定
2. 安全技术措施、专项施工方案和安全技术交底的规定
3. 危险性较大的分部分项工程安全管理的规定

（二）建筑工程质量管理的规定
1. 建设工程专项质量检测、见证取样检测内容的规定
2. 房屋建筑工程质量保修范围、保修期限和违规处罚的规定
3. 房屋建筑工程和市政基础设施工程竣工验收备案管理的规定

（三）建筑与设备安装工程施工质量验收标准和规范
1. 《建筑工程施工质量验收统一标准》中关于建筑工程质量验收的划分、合格判定以

及质量验收的程序和组织的要求
2. 建筑给水排水及采暖工程施工质量验收的要求
3. 建筑电气工程施工质量验收的要求
4. 通风与空调工程施工质量验收的要求
5. 自动喷水灭火系统验收的要求
6. 智能建筑工程质量验收的要求
7. 施工现场临时用电安全技术的要求

（四）建筑设备安装工程的管理规定
1. 特种设备施工管理和检验验收的规定
2. 消防工程设计、施工管理及验收、准用的规定
3. 法定计量单位使用和计量器具检定的规定
4. 实施工程建设强制性标准监督内容、方式、违规处罚的规定

二、掌握施工组织设计及专项施工方案的内容和编制方法

（一）建筑设备安装工程施工组织设计的内容和编制方法
1. 施工组织设计的类型和编制依据
2. 施工组织设计的内容
3. 施工组织设计编制、审查、批准等的流程和要求

（二）建筑设备安装工程专项施工方案的内容和编制方法
1. 专项施工方案的内容
2. 专项施工方案的编制方法
3. 专项施工方案的论证、审查和批准

（三）建筑设备安装工程主要技术要求
1. 建筑给水、排水工程的技术要求
2. 建筑电气照明工程的技术要求
3. 通风与空调工程及消防防排烟工程的技术要求
4. 消火栓和自动喷水灭火消防工程的技术要求

三、掌握施工进度计划的编制方法

（一）施工进度计划的类型及其作用
1. 施工进度计划的类型
2. 控制性进度计划的作用
3. 实施性施工进度计划的作用

（二）施工进度计划的表达方法
1. 横道图进度计划的编制方法
2. 网络计划的基本概念与识读

（三）施工进度计划的检查与调整
1. 施工进度计划的检查方法
2. 施工进度计划偏差的纠正办法

四、熟悉环境与职业健康安全管理的基本知识

（一）建筑设备安装工程施工环境与职业健康安全管理的目标与特点
1. 施工环境与职业健康安全管理的目标
2. 施工环境与职业健康安全管理的特点

（二）建筑设备安装工程文明施工与现场环境保护的要求
1. 文明施工的要求
2. 施工现场环境保护的措施
3. 施工现场环境事故的处理

（三）建筑设备安装工程施工安全危险源的识别和安全防范的重点
1. 施工安全危险源的分类
2. 施工安全危险源防范重点的确定

（四）建筑设备安装工程施工安全事故的分类与处理
1. 施工安全事故的分类
2. 施工安全事故报告和调查处理

五、熟悉工程质量管理的基本知识

（一）建筑设备安装工程质量管理
1. 工程质量管理的特点
2. 施工质量的影响因素及质量管理原则

（二）建筑设备安装工程施工质量控制
1. 施工质量控制的基本内容和要求
2. 施工过程质量控制的基本程序、方法、质量控制点的确定

（三）施工质量问题的处理方法
1. 施工质量问题的分类
2. 施工质量问题的产生原因
3. 施工质量问题的处理方法

六、熟悉工程成本管理的基本知识

（一）建筑设备安装工程成本的构成和影响因素
1. 工程成本的构成及管理特点
2. 施工成本的影响因素

（二）建筑设备安装工程施工成本控制的基本内容和要求
1. 施工成本控制的基本内容
2. 施工成本控制的基本要求

（三）建筑设备安装工程施工过程成本控制的方法
1. 施工过程成本控制的基本程序
2. 施工过程成本控制的主要方法

七、了解常用施工机械机具的性能

（一）垂直运输常用机械
1. 施工电梯的性能与注意事项
2. 常用自行式起重机的性能及选用原则

（二）建筑设备安装工程常用施工机械、机具
1. 手拉葫芦、千斤顶、卷扬机的性能
2. 麻绳、尼龙绳、涤纶绳及钢丝绳的性能
3. 滑轮和滑轮组的分类、选配原则和使用要求
4. 手工焊接机械的性能
5. 金属铁皮风管制作机械的性能
6. 电动试压泵的性能

专 业 技 能

一、能够参与编制施工组织设计和专项施工方案

1. 确定分部工程的施工起点流向
2. 选择确定主要施工机械及布置位置
3. 绘制分部工程施工现场平面图
4. 编制建筑给排水工程、通风与空调工程和建筑电气工程的专项施工方案
5. 分析确定危险性较大设备安装工程防范要点，配合编制作业指导书

二、能够识读施工图和其他工程设计、施工等文件

1. 识读建筑给排水工程、通风与空调工程、建筑电气工程施工图
2. 识读住宅、宾馆类自动喷水灭火工程、建筑智能化工程施工图
3. 识读随设备、器材提供的设备安装技术说明书

三、能够编写技术交底文件，并实施技术交底

1. 编写建筑给排水、建筑电气、通风与空调等分部工程中各分项工程的施工技术交底文件并实施交底
2. 编写住宅、宾馆类自动喷水灭火、建筑智能化等分部工程中各分项工程的施工技术交底文件并实施交底
3. 在交底中对施工作业技术要求、作业面及作业组合、使用的机械工具、资源供给情况、质量标准、安全防范要点进行全面解释

四、能够正确使用测量仪器，进行施工测量

1. 应用水准仪、经纬仪对设备安装定位、抄平
2. 确定试压泵位置，选择合适量程的试验用压力表

3. 选择绝缘电阻测试仪、接地电阻测试仪进行检测
　　4. 正确分格定位，测定出风口风量，计算风量值

五、能够正确划分施工区段，合理确定施工顺序

　　1. 划分建筑给排水、建筑电气、通风与空调、自动喷水灭火、建筑智能化等工程的施工区段
　　2. 确定施工顺序

六、能够进行资源平衡计算，参与编制施工进度计划及资源需求计划，控制调整计划

　　1. 确定设备安装进度控制时间节点，制订资源保障计划
　　2. 编制月、旬（周）作业进度计划及资源供应计划
　　3. 检查施工进度计划的实施情况，调整施工进度计划

七、能够进行工程量计算及初步的工程计价

　　1. 按图计算给排水工程、建筑电气工程、通风与空调工程的工程量
　　2. 按图计算住宅宾馆类自动喷水灭火工程、建筑智能化工程的工程量
　　3. 使用定额计价法的单位估价表
　　4. 分析工程量清单计价法的综合单价

八、能够确定施工质量控制点、参与编制质量控制文件，实施质量交底

　　1. 确定给排水工程、建筑电气工程、通风与空调工程的质量控制点
　　2. 确定住宅宾馆类自动喷水灭火工程、建筑智能化工程的质量控制点
　　3. 为专业工程的质量通病控制文件编制提供必要资料
　　4. 组织质量控制措施交底

九、能够确定施工安全防范重点，参与编制职业健康安全与环境技术文件、实施安全和环境交底

　　1. 确定脚手架安全防范重点，为编制安全技术文件并实施交底提供资料
　　2. 确定洞口、临边防护安全防范重点，为编制安全技术文件并实施交底提供资料
　　3. 确定设备垂直吊装和斜坡上运输安全防范重点，为编制安全技术文件并实施交底提供资料
　　4. 确定施工用电安全防范重点，为编制安全技术文件并实施交底提供资料
　　5. 确定垂直运输机械安全防范重点，为编制安全技术文件并实施交底提供资料
　　6. 确定高处作业安全防范重点，为编制安全技术文件并实施交底提供资料
　　7. 确定金属容器内电焊焊接安全防范重点，为编制安全技术文件并实施交底提供资料
　　8. 确定有火灾或爆炸危险场所动火作业安全防范重点，为编制安全技术文件并实施交底提供资料
　　9. 确定通水、通电、通气设备试运转等试运行安全防范重点，为编制安全技术文件并实施交底提供资料

10. 制订油漆、保温、电焊等作业危险防范措施并交底

十、能够识别、分析施工质量缺陷和危险源

1. 识别设备安装工程常见的各专业质量缺陷，分析产生原因
2. 识别作业中人的不安全行为和物的不安全状态，分析产生原因

十一、能够对施工质量、职业健康安全与环境问题进行调查分析

1. 分析判断施工质量问题的类别、原因和责任
2. 分析判断职业健康安全问题的类别、原因和责任
3. 分析判断环境问题的类别、原因和责任

十二、能够记录施工情况，编制相关工程技术资料

1. 填写施工日志，编写施工记录
2. 编写分部分项工程施工技术资料，编制工程施工管理资料

十三、能够利用专业软件对工程信息资料进行处理

1. 进行施工信息资料录入、输出与汇编
2. 进行施工信息资料加工处理

施工员
（设备方向）习题集

上篇 通用与基础知识

第一章 相关法律法规基本知识

一、判断题

1. 建设行政管理活动是指各级人民政府依据法律、行政法规以及规定的职权代表国家对建设活动进行的监督和管理行为。

【答案】错误

【解析】建设行政管理活动是指国家建设行政主管部门依据法律、行政法规以及规定的职权代表国家对建设活动进行的监督和管理行为。

2. 建筑工程法律法规体系相对独立，自成体系，并不与我国宪法和相关法律保持一致。

【答案】错误

【解析】建筑工程法律法规体系是我国法律体系的重要组成部分。它必须与我国的宪法和相关法律保持一致，但它又是相对独立，自成体系。

3.《安全生产法》规定，生产经营单位与从业人员订立的劳动合同，应当载明依法为从业人员办理工伤社会保险的事项。

【答案】正确

【解析】《安全生产法》对生产经营单位在提供安全防护措施、安全教育培训、为从业人员办理意外伤害保险、劳动防护用品配备等方面做了明确的规定。

4. 从业人员在进行作业过程中发现直接危及人身安全的紧急情况时，有权停止作业或者在采取可能的应急措施后撤离作业场所。

【答案】正确

【解析】从业人员的权利：紧急避险权。即发现直接危及人身安全的紧急情况时，有权停止作业或者在采取可能的应急措施后撤离作业场所。

5. 从业人员对本单位安全生产管理工作中的问题可以提出批评和检举，但不可提出控告。

【答案】错误

【解析】从业人员对本单位安全生产管理工作中存在的问题可以提出批评、检举、控告。

6.《建设工程质量管理条例》是我国第一部建设配套的行为法规，也是我国第一部建筑工程质量条例。

【答案】正确

【解析】《建设工程质量管理条例》是《建筑法》颁布实施后指定的第一部配套的行政法规，我国第一部建设配套的行为法规，也是我国第一部建筑工程质量条例。

7. 建设单位是指经过建设行政主管部门的资质审查,从事土木工程、建筑工程、线路管道设备安装、装修工程施工承包的单位。

【答案】错误

【解析】建设单位是建设工程的投资人,也称"业主"。建设单位是工程建设项目建设过程的总责任方,拥有确定建设项目的规模、功能、外观、选用材料设备、按照国家法律规定选择承包单位等权力。

二、单选题

1. 建筑工程法律法规是指国家权力机关或其授权的行政机关制定的,由国家强制力保证实施的,旨在调整国家及其有关机构、企事业单位、社会团体、公民之间在（　　）中或（　　）中发生的各种社会关系的法律规范的统称。
   A. 建设实施,建设行政管理活动
   B. 建设活动,建设行政管理活动
   C. 建设活动,建设管理行为
   D. 建设实施,建设管理行为

【答案】B

【解析】建筑工程法律法规是指国家权力机关或其授权的行政机关制定的,由国家强制力保证实施的,旨在调整国家及其有关机构、企事业单位、社会团体、公民之间在建设活动中或建设行政管理活中发生的各种社会关系的法律规范的统称。

2. 在建设法规的五个层次中,其法律效力从高到低依次为（　　）。
   A. 建设法律、建设行政法规、建设部门规章、地方建设法规、地方建设规章
   B. 建设法律、建设行政法规、建设部门规章、地方建设规章、地方建设法规
   C. 建设行政法规、建设部门规章、建设法律、地方建设法规、地方建设规章
   D. 建设法律、建设行政法规、地方建设法规、建设部门规章、地方建设规章

【答案】A

【解析】我国建筑工程法律法规体系,是以建筑法律为龙头,建设行政法规为主干,建设部门规章和地方建筑工程法规、地方建设规章等为支干而构成的。

3. 建设法规体系的核心和基础是（　　）。
   A. 建设行政法规　　　　B. 建设部门规章
   C. 建设法律　　　　　　D. 宪法

【答案】C

【解析】建设法律在建设法规体系框架中位于顶层,其法律地位和效力最高,是建设法规体系的核心和基础。

4. 下列属于建设行政法规的是（　　）。
   A. 建设工程质量管理条例
   B. 工程建设项目施工招标投标办法
   C. 中华人民共和国立法法
   D. 实施工程建设强制性标准监督规定

【答案】A

【解析】建设行政法规指国务院依法制定并颁布的属于国务院建设行政主管部分主管业务范围的各项法规。建设行政法规的法律地位和效力低于建设法律,行政法规的作用是将法律的原则性规定具体化。如《建设工程质量管理条例》、《建设工程安全生产管理条例》、《安全生产许可证条例》等。

5. 建筑业企业资质等级分为施工总承包、专业承包和（　　）三个序列。
   A. 劳务总承包　　　　　　　　B. 施工分包
   C. 施工劳务　　　　　　　　　D. 专业总承包

【答案】C

【解析】建筑业企业资质等级分为施工总承包、专业承包和施工劳务三个序列。

6. 建筑业企业资质等级,是由（　　）按资质条件把企业划分成的不同等级。
   A. 国务院建设行政主管部门
   B. 省级建设行政主管部门
   C. 地方建设行政主管部门
   D. 行业建设行政主管部门

【答案】A

【解析】国务院建设行政主管部门负责全国建筑业企业资质的归口管理工作。

7. 地基基础工程专业承包一级企业可承担（　　）。
   A. 各类地基基础工程的施工
   B. 高度100m及以下工业、民用建筑工程和高度120m及以下构筑物的地基基础工程
   C. 开挖深度不超过15m的基坑维护工程
   D. 单桩承受设计荷载3000kN及以下的桩基础工程

【答案】A

【解析】地基基础工程专业承包一级企业：可承担各类地基基础工程的施工。

8. 房屋建筑工程施工总承包一级企业资质可承担（　　）。
   A. 各类建筑工程的施工
   B. 单项合同额3000万元及以上的高度200m及以下的工业、民用建筑工程
   C. 高度120m及以下的构筑物工程
   D. 单跨跨度27m及以下的建筑工程

【答案】A

【解析】房屋建筑工程施工总承包一级企业资质可承担单项合同额3000万元及以上的下列建筑工程的施工：1）高度200m及以下的工业、民用建筑工程；2）高度240m及以下的构筑物工程。

9. 根据《安全生产法》第七十七条规定,负有安全生产监督管理职责的部门的工作人员,对不符合法定安全生产条件的涉及安全生产的事项予以批准或验收通过的行为,但尚不构成犯罪的,给予（　　）处分或处罚。
   A. 依法追究其刑事责任　　　　B. 行政罚款
   C. 警告处分　　　　　　　　　D. 降级或撤职

【答案】D

【解析】根据《安全生产法》第七十七条规定,负有安全生产监督管理职责的部门的

工作人员,对不符合法定安全生产条件的涉及安全生产的事项予以批准或验收通过的行为,给予降职或者撤职的行政处分;构成犯罪的,依照刑法有关规定追究刑事责任。

10. 生产经营单位在从事生产经营活动中,配备专职安全生产管理人员对从业人员进行教育培训,其目的不包括(　　)。
    A. 使职工具备必要的安全生产知识和安全意识
    B. 健全安全生产责任制度
    C. 熟悉安全生产规章制度和操作规程
    D. 掌握安全生产基本技能

【答案】B

【解析】对从业人员教育培训的目的:
1) 使职工具备必要的安全生产知识和安全意识。
2) 熟悉安全生产规章制度和操作规程。
3) 掌握安全生产基本技能。

11.《安全生产法》中规定了从业人员的权利和义务,以下选项中属于从业人员义务的是(　　)。
    A. 对本单位的安全生产工作提出建议
    B. 拒绝违章作业指挥和强令冒险作业
    C. 受到损害,可向本单位提出赔偿要求
    D. 发现事故隐患和不安全因素进行报告

【答案】D

【解析】生产作业过程中从业人员的义务:
1) 遵章守规,服从管理的义务。
2) 接受安全生产教育和培训的义务。
3) 发现事故隐患和不安全因素有报告的义务。

12. 生产安全事故处理时,进行事故报告错误的是(　　)。
    A. 生产经营单位发生生产安全事故后,负伤者或者事故现场有关人员应当立即报告本单位负责人
    B. 单位负责人接到重伤、死亡、重大死亡事故报告后,应当迅速采取有效措施,组织抢救,防止事故扩大,减少人员伤亡和财产损失
    C. 生产经营单位发生重大生产安全事故时,单位主要负责人需立即如实报告当地负有安全生产监督管理职责的部门和企业主管部门,随后组织抢救,并不得擅离职守
    D. 实行施工总承包的建设工程,由总承包单位负责上报事故

【答案】C

【解析】生产经营单位发生重大生产安全事故时,单位主要负责人应当立即组织抢救,并不得在事故调查处理期间擅离职守。

13. 伤亡事故处理工作应当在(　　)日内结案,特殊情况不得超过(　　)日。
    A. 90,180　　　　　　　　　　　　B. 60,120
    C. 90,150　　　　　　　　　　　　D. 60,90

【答案】A

【解析】伤亡事故处理工作应当在90日内结案，特殊情况不得超过180日。伤亡事故处理结案后，应当公开宣布处理结果。

14. 施工活动中，建设单位的主要安全责任不包括（　　）。
A. 不得压缩合同约定的工期
B. 在编制工程概算时，应确定建设工程安全作业环境及安全施工措施所需费用
C. 在申请领取施工许可证时，应提供建设工程有关的安全施工措施的资料
D. 应审查施工组织设计中的安全技术措施或者专项施工方案是否符合工程建设强制性标准

【答案】D

【解析】工程监理单位的主要安全责任是：应审查施工组织设计中的安全技术措施或者专项施工方案是否符合工程建设强制性标准。

15. 建设工程实行施工总承包的，施工现场的生产安全事故处理由（　　）进行事故上报。
A. 分包单位各自负责　　　　　B. 总承包单位负责
C. 建设单位负责　　　　　　　D. 监理单位负责

【答案】B

【解析】生产安全事故处理中，实行施工总承包的建设工程，由总承包单位负责上报事故。

16. 基层施工人员发现己方或相关方有违反或抵触《建筑工程安全生产管理条例》时的处置程序时不可采取申诉和仲裁的是（　　）。
A. 发生事故未及时组织抢救或隐瞒
B. 对从事危险作业的人员未办理意外伤害保险，施工人员提议后仍未采纳
C. 意外伤害保险费从施工人员收入中克扣
D. 工伤人员未能按事故赔偿责任获得施工单位赔偿等

【答案】A

【解析】施工人员对涉及损害个人权益或合理要求未能实现的，可以提起申诉或仲裁等，如对从事危险作业的人员未办理意外伤害保险，施工人员提议后仍未采纳；意外伤害保险费从施工人员收入中克扣；工伤人员未能按事故赔偿责任获得施工单位赔偿等。

17. 进一步提高工程质量水平，确保建设工程的安全可靠、保证人民的生命财产安全，（　　）已成为全社会的要求和呼声。
A. 提高民用工程的质量合格率
B. 加强工程质量监督管理
C. 建成一批高难度、高质量的工程项目
D. 减少民用建筑使用功能的质量通病

【答案】B

【解析】进一步提高工程质量水平，确保建设工程的安全可靠、保证人民的生命财产安全，加强工程质量监督管理已成为全社会的要求和呼声。

18. 经过建设行政主管部门的资质审查，受建设单位委托，依照国家法律规定和建设单位要求，在建设单位委托范围内对建设工程进行监督管理工作的单位是（　　）。

A. 勘察单位 B. 设计单位
C. 工程监理单位 D. 施工单位

【答案】C

【解析】工程监理单位，是指经过建设行政主管部门的资质审查，受建设单位委托，依照国家法律规定和建设单位要求，在建设单位委托范围内对建设工程进行监督管理工作的单位。

19. 施工单位的资质等级，是施工单位（　　）综合能力的体现。
A. 建设业绩、人员素质、管理水平、资金数量、技术装备等
B. 建设水平、人员素质、管理方式、资金数量、技术范围等
C. 管理水平、资金数量、安全装备
D. 建设业绩、人员素质、管理方式、资金数量

【答案】A

【解析】施工单位的资质等级，是施工单位建设业绩、人员素质、管理水平、资金数量、技术装备等综合能力的体现。

20. 总承包单位进行分包，应经（　　）的认可。
A. 设计单位 B. 建设单位
C. 勘察单位 D. 施工单位

【答案】B

【解析】总承包单位进行分包，应经建设单位的认可。

21. 实行工程总承包的，经建设单位许可或合同约定，总承包单位可以将其承包的部分工程分包出去，但（　　）质量向建筑单位负责。
A. 仅对其部分承包工程
B. 对分包以外承包工程
C. 对所有的承包工程
D. 不需要对任何部分的承包工程

【答案】C

【解析】实行工程总承包的，经建设单位许可或合同约定，总承包单位可以将其承包的部分工程分包出去，但对所有的承包工程质量向建筑单位负责。

22. 屋面防水工程、有防水要求的卫生间、房间和外墙的防渗漏，保修期限为（　　）年。
A. 3 B. 5
C. 2 D. 4

【答案】B

【解析】屋面防水工程、有防水要求的卫生间、房间和外墙的防渗漏，保修期限为5年。

23. 对于违反《建设工程质量管理条例》的单位或个人进行处罚，其中属于行政处罚形式的是（　　）。
A. 对机关工作人员记大过
B. 对职工进行降职
C. 对机关工作人员撤职或开除

D. 没收非法所得

【答案】D

【解析】行政处罚：指国家特定的行政机关对违法的单位或个人进行的处罚。如警告、罚款、责令停产停业整顿、降低资质等级、没收非法所得、没收非法财务等。

24. 以下哪条不属于《劳动法》规定劳动者的权利（　　）。
   A. 享有平等就业和选择职业的权利
   B. 取得劳动报酬的权利
   C. 休息休假的权利
   D. 提高职业技能的权利

【答案】D

【解析】《劳动法》规定劳动者的权利：享有平等就业和选择职业的权利，取得劳动报酬的权利，休息休假的权利，获得劳动卫生保护的权利，接受职业技能培训的权利，享受社会保障和福利的权利，提请劳动争议处理的权利。

25. 以下不属于劳动合同的类别的是（　　）。
   A. 固定期限劳动合同
   B. 无固定期限劳动合同
   C. 以完成一定工作任务为期限的劳动合同
   D. 主体不合格的劳动合同

【答案】D

【解析】劳动合同分为固定期限劳动合同、无固定期限劳动合同和以完成一定工作任务为期限的劳动合同。

三、多选题

1. 以下哪些属于建设活动的内容（　　）。
   A. 立项　　　　　　　　　B. 资金筹措
   C. 建设实施　　　　　　　D. 竣工验收
   E. 建设监督行为

【答案】ABCD

【解析】作为一个工程项目的建设过程，建设活动的内容包括立项、资金筹措、建设实施、竣工验收及评估等一系列活动。

2. 《建筑法》规定从事建筑活动的建筑施工企业、勘察单位、设计单位和工程监理单位应当具备的条件有（　　）。
   A. 有符合国家规定的注册资本
   B. 有从事相关建筑活动所应有的技术装备
   C. 有与其从事的建筑活动相适应的具有法定执业资格的专业技术人员
   D. 法律、行政法规规定的其他条件
   E. 二级以上建筑业企业的资质等级

【答案】ABCD

【解析】《中华人民共和国建筑法》第十二条：从事建筑活动的建筑施工企业、勘察单位、设计单位和工程监理单位应当具备的条件：

1) 有符合国家规定的注册资本。

2) 有从事相关建筑活动所应有的技术装备。

3) 有与其从事的建筑活动相适应的具有法定执业资格的专业技术人员。

4) 法律、行政法规规定的其他条件。

3.《安全生产法》第十七条规定，生产经营单位的主要负责人对本单位安全生产工作负有以下责任（　　）。

  A. 建立、健全本单位安全生产责任制

  B. 组织制定本单位安全生产规章制度和操作规程

  C. 保证本单位安全生产投入的有效实施

  D. 督促、检查本单位安全生产工作，及时消除安全生产事故的隐患

  E. 安全事故后及时进行处理

【答案】ABCD

【解析】《安全生产法》第十七条规定，生产经营单位的主要负责人对本单位安全生产工作负有以下责任：建立、健全本单位安全生产责任制；组织制定本单位安全生产规章制度和操作规程；保证本单位安全生产投入的有效实施；督促、检查本单位安全生产工作，及时消除安全生产事故的隐患；组织制定并实施本单位的生产安全事故应急救援预案；及时、如实报告生产安全事故。

4. 生产经营活动中，违反安全生产法的法律规定，对生产经营单位进行处罚的处罚方式为（　　）。

  A. 责令期限改正　　　　　　　B. 停产停业整顿

  C. 经济罚款　　　　　　　　　D. 吊销其有关证照

  E. 关闭企业

【答案】ABCDE

【解析】对生产经营单位和单位负责人的处罚方式：责令期限改正、停产停业整顿、经济罚款、吊销其有关证照、关闭企业、责令停止建设、连带赔偿等处罚。

5. 安全生产管理包括（　　）。

  A. 安全教育培训　　　　　　　B. 安全技术交底

  C. 现场安全管理　　　　　　　D. 文明施工管理

  E. 消防管理

【答案】ABC

【解析】安全生产管理包括：安全教育培训、安全技术交底、现场安全管理、施工机械设备管理、季节性施工安全措施。

6.《中华人民共和国建筑法》规定，从事建筑活动的施工单位，应当具备的条件是（　　）。

  A. 有符合国家规定的注册资本

  B. 有与其从事的建筑活动相适应的、具有法定执业则个的专业技术人员

  C. 有从事相关建筑活动所应有的技术装备

  D. 有从事相关建筑活动所具有的建设用地规划许可证

E. 法律、行政法规规定的其他条件

【答案】ABCE

【解析】《建筑法》规定，从事建筑活动的施工单位，应当具备的条件是：有符合国家规定的注册资本；有与其从事的建筑活动相适应的、具有法定执业则个的专业技术人员；有从事相关建筑活动所应有的技术装备；法律、行政法规规定的其他条件。

7. 《建筑法》第六十二条作出了规定，保修范围应包括（　　）。
 A. 地基基础工程　　　　　　　B. 主体结构工程
 C. 屋面防水工程　　　　　　　D. 给水排水管线安装工程
 E. 供热供冷系统

【答案】ABCDE

【解析】《建筑法》第六十二条作出了规定，保修范围应包括：地基基础工程、主体结构工程、屋面防水工程和其他土建工程、电气管线、给水排水管线安装工程、供热供冷系统等。

8. 《劳动法》对劳动者提出了应尽的义务有（　　）。
 A. 获得劳动卫生的保护
 B. 应当完成劳动任务
 C. 提高职业技能
 D. 执行劳动安全卫生规程
 E. 遵守劳动纪律的职业道德

【答案】BCDE

【解析】《劳动法》对劳动者提出了应尽的义务有：应当完成劳动任务，提高职业技能，执行劳动安全卫生规程，遵守劳动纪律的职业道德。

第二章 施工项目管理基本知识

一、判断题

1. 实施进度计划的核心是进度计划的跟踪检查。

【答案】错误

【解析】实施进度计划的核心是进度计划的动态跟踪控制。

二、单选题

1. 《项目管理规范》对建设工程项目的解释是：为完成依法立项的新建、扩建、改建等各类工程而进行的，有起止日期的，达到规定要求的一组相互关联的受控活动组成的特定过程，包括（　　）、勘察、设计、采购、施工、试运行、竣工验收和考核评价等，简称为项目。

A. 策划
B. 可行性分析
C. 市场调研
D. 行业定位

【答案】A

【解析】《项目管理规范》对建设工程项目的解释是：为完成依法立项的新建、扩建、改建等各类工程而进行的，有起止日期的，达到规定要求的一组相互关联的受控活动组成的特定过程，包括策划、勘察、设计、采购、施工、试运行、竣工验收和考核评价等，简称为项目。

2. 以下关于施工项目经理部综合性的描述，错误的是（　　）。

A. 施工项目经理部是企业所属的经济组织，主要职责是管理施工项目的各种经济活动
B. 施工项目经理部的管理职能是综合的，包括计划、组织、控制、协调、指挥等多方面
C. 施工项目经理部的管理业务是综合的，从横向看包括人、财、物、生产和经营活动，从纵向看包括施工项目寿命周期的主要过程
D. 施工项目经理部受企业多个职能部门的领导

【答案】D

【解析】项目经理部由项目经理在组织职能部门支持下组建，直属项目经理领导，主要承担和负责现场项目管理的日常工作，在项目实施过程中其管理行为应接受企业职能部门的监督和管理。

3. 施工项目经理工作的职责不包括（　　）。

A. 对资源进行动态管理
B. 建立各种专业管理体系并组织实施
C. 进行授权范围内的利益分配
D. 参与组建项目经理部工作

【答案】D

【解析】施工项目经理工作指责：项目管理目标责任书规定的职责；主持编制项目管理实施规划，并对项目目标进行系统管理；对资源进行动态管理；建立各种专业管理体系并组织实施；进行授权范围内的利益分配；收集工程资料，准备结算资料，参与工程竣工验收；接受审计，处理项目经理部解体的善后工作；协助组织进行项目的检查、鉴定和评奖申报工作。

4. 实施进度计划的核心是进度计划的（　　）。
   A. 检查措施落实情况　　　　B. 动态跟踪控制
   C. 分析计划执行情况　　　　D. 跟踪检查，收集实际数据

【答案】B

【解析】实施进度计划的核心是进度计划的动态跟踪控制。

5. 施工项目职业健康安全（OHS）管理的目标具体不包括：（　　）。
   A. 减少或消除人的不安全行为的目标
   B. 减少或消除设备、材料的不安全状态的目标
   C. 施工过程管理的目标
   D. 改善生产环境和保护自然环境的目标

【答案】C

【解析】施工项目职业健康安全（OHS）管理的目标具体包括：减少或消除人的不安全行为的目标；减少或消除设备、材料的不安全状态的目标；改善生产环境和保护自然环境的目标。

6. 项目成本管理应遵循的程序不包括：（　　）。
   A. 掌握生产要素的市场价格的变动状态
   B. 确定项目合同价
   C. 编制成本计划，确定成本实施目标
   D. 材料管理考核

【答案】D

【解析】项目成本管理应遵循下列程序：掌握生产要素的市场价格的变动状态；确定项目合同价；编制成本计划，确定成本实施目标；进行成本动态控制，实现成本实施目标；进行项目成本核算和工程价款结算，及时收回工程款；进行项目成本分析；进行项目成本考核，编制成本报告；积累项目成本资料。

7. 项目资源管理的全过程为（　　）。
   A. 项目资源计划、配置、控制和处置
   B. 人力资源管理、材料管理、机械设备管理、技术管理和资金管理
   C. 编制投资配置计划，确定投入资源的数量与时间
   D. 采取科学的措施，进行有效组合，合理投入，动态调控。

【答案】A

【解析】项目资源管理的全过程为项目资源计划、配置、控制和处置。

8. 项目资源管理控制中属于技术管理控制的是（　　）。
   A. 测试仪器管理

B. 人力资源的选择

C. 机械设备的购置与租赁管理

D. 供应单位的选择

【答案】A

【解析】技术管理控制包括技术开发管理，新产品、新材料、新工艺的应用管理，项目管理实施规划和技术方案的管理，技术档案管理，测试仪器管理等。

9. （　　）负责现场环境管理工作的总体策划和部署，建立项目环境管理组织机构，制定相应制度和措施，组织培训，使各级人员明确环境保护的意义和责任。

A. 施工员　　　　　　　　　　B. 材料员
C. 质量员　　　　　　　　　　D. 项目经理

【答案】D

【解析】项目经理负责现场环境管理工作的总体策划和部署，建立项目环境管理组织机构，制定相应制度和措施，组织培训，使各级人员明确环境保护的意义和责任。

三、多选题

1. 施工方的项目管理主要是在建设工程项目施工阶段进行，但也涉及设计阶段。其管理任务包括（　　）。

A. 施工项目成本控制和进度控制

B. 施工项目质量控制

C. 施工项目合同管理

D. 施工项目安全管理和信息管理

E. 与施工有关的组织的沟通和协调

【答案】ABCDE

【解析】施工方的项目管理主要是在建设工程项目施工阶段进行，但也涉及设计阶段。其管理任务包括：施工项目成本控制，施工项目进度控制，施工项目质量控制，施工项目合同管理，施工项目安全管理，施工项目信息管理，与施工有关的组织的沟通和协调。

2. 施工现场入口处的醒目位置，应公示下列哪些内容（　　）。

A. 工程概况和施工平面图

B. 安全纪律和防火须知

C. 安全生产与文明施工规定

D. 项目经理部组织机构图及主要管理人员名单

E. 施工进度图

【答案】ABCD

【解析】施工现场入口处的醒目位置，应公式下列内容：1）工程概况；2）安全纪律；3）防火须知；4）安全生产与文明施工规定；5）施工平面图；6）项目经理部组织机构图及主要管理人员名单。

第三章 焊接及焊接管理

一、判断题

1. 缺欠是必须予以去除或修补的一种状况。

【答案】错误

【解析】缺陷是必须予以去除或修补的一种状况。缺陷意味着焊接接头是不合格的，也就是说，焊接缺陷是属于焊接缺欠中不可接受的那一种缺欠，因而必须经过返修，将该缺欠消除或修补，焊接质量才算合格，否则就是废品。

二、单选题

1. 将待焊处的母材金属熔化以形成焊缝的焊接方法称为（　　）。
   A. 压力焊　　　　　　　　　B. 熔化焊
   C. 钎焊　　　　　　　　　　D. 电阻焊

【答案】B

【解析】将待焊处的母材金属熔化以形成焊缝的焊接方法，称为熔化焊。

2. 焊接材料验收的目的是（　　）。
   A. 提高焊工的焊接质量　　　B. 完善库房的管理制度
   C. 杜绝劣质焊接材料进入仓库　D. 便于焊接施工管理

【答案】C

【解析】焊接材料验收的目的是杜绝劣质焊接材料进入仓库。除了查阅制造厂的质量保证书、合格证、标记，进行外观检验外，必要时根据国家标准及验收标准检查该焊接材料的性能。

三、多选题

1. 焊接电流过小，而（　　）时电流过大，焊接速度太慢，电弧过长，运条摆动不正确，都会产生焊瘤。
   A. 立焊　　　　　　　　　　B. 横焊
   C. 仰焊　　　　　　　　　　D. 焊孔
   E. 焊坑

【答案】ABC

【解析】焊瘤的形成原因是操作不当或焊接规范不当。如焊接电流过小，而立焊、横焊、仰焊时电流过大，焊接速度太慢，电弧过长，运条摆动不正确等。

第四章　工程制图基本知识

一、判断题

1. 投影的分类，依照投射线发出的不同可分为：正投影法、斜投影法、轴测投影法。

【答案】错误

【解析】投影的分类，依照投射线发出的方向不同可分为：中心投影法、平行投影法、轴测投影法。

二、单选题

1. 安装工程施工图中，对管道安装、通风与空调管安装通常以适当比例用（　　）方式表示管道走向、管与零部件的连接位置、管与机械设备和容器等的连通部位，以及表明管与管间的相对位置。

A. 机械制图法则　　　　　　　　　B. 工艺流程图
C. 物体的三视图　　　　　　　　　D. 示意和图例

【答案】D

【解析】安装工程施工图中，对管道安装、通风与空调管安装统称以适当比例用示意和图例方式表示管道走向、管与零部件的连接位置、管与机械设备和容器等的连通部位，以及表明管与管间的相对位置。

2. 投影分类中依照投射线发出的方向不同可分为（　　）。

A. 中心投影法、平行投影法、轴测投影法
B. 正投影法、平行投影法、轴测投影法
C. 正投影法、斜投影法、轴测投影法
D. 正投影法、斜投影法、平行投影法

【答案】A

【解析】投影的分类，依照投射线发出的方向不同可分为：中心投影法、平行投影法、轴测投影法。

3. 用三个互相垂直的投影面，将物体置于期间用正投影法，在三个投影面上得到三个视图，投影的名称分别为正面投影、水平投影、侧面投影，所得视图分别为（　　）。

A. 主视图、俯视图、左视图
B. 主视图、右视图、左视图
C. 俯视图、右视图、主视图
D. 俯视图、左视图、后视图

【答案】A

【解析】投射线平行于 OY 轴，投影图在 XOZ（V）平面上，称为正面投影，所得视图称为主视图；投射线平行于 OZ 轴，投影图在 XOY（H）平面上称为水平投影，所得视图称俯视图；投射线平行于 OX 轴，投影图在 YOZ，平面上，称为侧面投影，所得视图称

为左视图。

三、多选题

1. 用三个互相垂直的投影面，将物体置于期间用正投影法，在三个投影面上得到三个视图，投影的名称分别为正面投影、水平投影、侧面投影，所得视图分别为（　　）。

A. 主视图　　　　　　　　　　B. 左视图
C. 俯视图　　　　　　　　　　D. 后视图
E. 右视图

【答案】ABC

【解析】投射线平行于 OY 轴，投影图在 XOZ（V）平面上，称为正面投影，所得视图称为主视图；投射线平行于 OZ 轴，投影图在 XOY（H）平面上称为水平投影，所得视图称俯视图；投射线平行于 OX 轴，投影图在 YOZ，平面上，称为侧面投影，所得视图称为左视图。

第五章 建筑施工图识图

一、判断题

1. 标高分为水平标高和垂直标高。

【答案】错误

【解析】标高分为相对标高和绝对标高。

二、单选题

1. 在总平面图和建筑物底层平面图上，一般应画上（ ），用以表示建筑物的朝向。
   A. 风玫瑰　　　　　　　　B. 指北针
   C. 标高　　　　　　　　　D. 定位轴线

【答案】B

【解析】在总平面图和建筑物底层平面图上，一般应画上指北针，用以表示建筑物的朝向。

三、多选题

1. 标高分为（ ）。
   A. 相对标高　　　　　　　B. 水平标高
   C. 绝对标高　　　　　　　D. 垂直标高
   E. 竖向标高

【答案】AC

【解析】标高分为绝对标高和相对标高。

2. 建筑平面图表达的内容有（ ）。
   A. 建筑物的形状和朝向
   B. 内部功能布置和各种房间的相互关系
   C. 建筑物的入口、通道和楼梯的位置
   D. 建筑物的外形、总高度
   E. 建筑物外墙的装饰要求

【答案】ABC

【解析】建筑平面图表达的内容有：建筑物的形状和朝向；内部功能布置和各种房间的相互关系；建筑物的入口、通道和楼梯的位置；多层的建筑物如各层平面布置相同，只要提供一个平面图；屋顶平面图为建筑物的俯视图。

第六章　建筑给水排水工程

一、判断题

1. 一般普通建筑物的供水大多采用附水箱供水形式。

【答案】错误

【解析】一般普通建筑物的供水大多采用直接供水形式。

2. 直接供水形式适用于室外市政给水系统的水压、水量在任何时间内都能满足室内最高和最远点的用水要求。

【答案】正确

【解析】直接供水形式适用于室外市政给水系统的水压、水量在任何时间内都能满足室内最高和最远点的用水要求。

3. 附水箱供水形式用于大部分时间室外给水系统不能满足室内最高点供水要求的情况。

【答案】错误

【解析】附水箱供水形式用于大部分时间室外给水系统能满足室内最高点供水要求，但在用水高峰时，必须由水箱供水的情况。

4. 水泵给水形式适用于室内用水量不足而室外供水系统压力不足，需要局部增压的给水系统。

【答案】正确

【解析】水泵给水形式适用于室内用水量不足而室外供水系统压力不足，需要局部增压的给水系统。

5. 两根管子的交叉时（见下图），表示小管子在下，大管子在上。

【答案】错误

【解析】单、双线同时存在，通常小管子用单线表示，大管子用双线表示，其交叉的表示则小管子在上（前）为实线，小管子在下（后）为虚线。

6. 塑料管以公称外径 dn 标注。

【答案】正确

【解析】塑料管以公称外径 dn 标注。

7. 钢筋混凝土管、混凝土管以内径 dn 标注。

【答案】错误

【解析】钢筋混凝土管、混凝土管以内径 d 标注。

8. 热轧管的最大公称直径为 200mm。

【答案】错误

【解析】热轧管的最大公称直径为600mm。

9. 在给水排水管道工程中，管径超过57mm，常选用热轧管。

【答案】正确

【解析】在给水排水管道工程中，管径超过57mm，常选用热轧管。

10. 在给水排水管道工程中，管径在57mm以内时常选用热轧管。

【答案】错误

【解析】在给水排水管道工程中，管径在57mm以内时常选用冷拔（轧）管。

11. 室内排水常用的球墨铸铁管规格从 $DN50 \sim 200mm$。

【答案】正确

【解析】室内排水常用的球墨铸铁管规格从 $DN50 \sim 200mm$。

12. 管道丝扣连接，其丝扣应光洁，不得有毛刺、乱丝、断丝，缺丝总长不得超过丝扣全长的10%。

【答案】正确

【解析】管道丝扣连接，其丝扣应光洁，不得有毛刺、乱丝、断丝，缺丝总长不得超过丝扣全长的10%。

13. 管道焊接连接时，焊口应预热、预热温度为200℃以上，预热长度为200~250mm。

【答案】错误

【解析】管道焊接连接时，焊口应预热、预热温度为100~200℃，预热长度为200~250mm。

14. 供热、蒸汽、生活热水管道应采用厚度为3mm的耐高温橡胶垫。

【答案】正确

【解析】供热、蒸汽、生活热水管道应采用厚度为3mm的耐高温橡胶垫。

15. U-PVC给水管的连接一般采用法兰连接。

【答案】错误

【解析】U-PVC给水管的连接一般采用粘接。

16. U-PVC给水管连接，涂刷胶粘剂后应在20s内完成粘接，如胶粘剂出现干涸，应在清除干涸的胶粘剂后重新涂抹。

【答案】正确

【解析】U-PVC给水管连接，涂刷胶粘剂后应在20s内完成粘接，如胶粘剂出现干涸，应在清除干涸的胶粘剂后重新涂抹。

17. 在挖好的管沟到管底标高处铺设管道时，应将预制好的管段按照承口朝向来水方向，由室外出水口处向室内顺序排列。

【答案】正确

【解析】在挖好的管沟到管底标高处铺设管道时，应将预制好的管段按照承口朝向来水方向，由室外出水口处向室内顺序排列。

18. 立管安装时可由下而上安装，逐短用支架固定找正。

【答案】正确

【解析】立管安装时可由下而上安装，逐短用支架固定找正。

19. 高层建筑采用辅助透气管，可采用 H 形或 U 形辅助透气异性管件连接。

【答案】正确

【解析】高层建筑采用辅助透气管，可采用 H 形或 U 形辅助透气异性管件连接。

20. 支管设在吊顶内，清扫口不宜设在上一层楼地面上。

【答案】错误

【解析】支管设在吊顶内，清扫口可设在上一层楼地面上。

21. 清扫口与垂直于管道的墙面距离不小于 100mm。

【答案】错误

【解析】清扫口与垂直于管道的墙面距离不小于 200mm，便于清掏。

22. 卡箍式接口的抗拔性能强。

【答案】错误

【解析】卡箍式接口的抗拔性能略差。

23. 安装卫生器具时，不宜采用膨胀螺栓安装固定。

【答案】错误

【解析】安装卫生器具时，宜采用预埋螺栓或用膨胀螺栓安装固定。

24. 水压试验时管道两端及后背顶撑严禁站人，同时严禁对管身、接口进行敲打或修补缺陷，遇有缺陷应作出记号，卸压后修补。

【答案】正确

【解析】水压试验时管道两端及后背顶撑严禁站人，同时严禁对管身、接口进行敲打或修补缺陷，遇有缺陷应作出记号，卸压后修补。

25. 管沟两侧不得堆放施工材料和其他物品。

【答案】正确

【解析】管沟两侧不得堆放施工材料和其他物品。

26. 排水混凝土管和管件的承口（双承口的管件除外），应与管道内的水流方向相同。

【答案】错误

【解析】排水混凝土管和管件的承口（双承口的管件除外），应与管道内的水流方向相反。

27. 承插或套箍接口，应采用水泥砂浆或沥青胶泥填塞。

【答案】正确

【解析】承插或套箍接口，应采用水泥砂浆或沥青胶泥填塞。

28. 基础混凝土强度达到设计强度的 30%，且不小于 5MPa 时方可下管。

【答案】错误

【解析】基础混凝土强度达到设计强度的 50%，且不小于 5MPa 时方可下管。

29. 排水管道基础好坏，对排水工程的质量有很大影响。

【答案】正确

【解析】排水管道基础好坏，对排水工程的质量有很大影响。

30. 平口和企口管子均采用 1:2.5 水泥砂浆抹带接口。

【答案】正确

【解析】平口和企口管子均采用 1:2.5 水泥砂浆抹带接口。

二、单选题

1. 市政给水管网、污水排放管网均属于市政设施，其建造属（　　）范畴。
   A. 给水工程 B. 排水工程
   C. 安装工程 D. 市政工程

   【答案】D

   【解析】市政给水管网、污水排放管网均属于市政设施，其建造属市政工程范畴。

2. （　　）适用于室内用水量均匀而室外供水系统压力不足，需要局部增压的给水系统。
   A. 直接供水形式 B. 附水箱供水形式
   C. 水泵给水形式 D. 水池、水泵和水箱联合给水形式

   【答案】C

   【解析】水泵给水形式适用于室内用水量均匀而室外供水系统压力不足，需要局部增压的给水系统。

3. 建筑工程施工时，给水排水工程的管理和作业人员要进行积极的配合，为日后工程的实施创造良好的条件。配合的内容除少数的直埋支管外，大量的是（　　）。
   A. 设污水、废水及雨水管道 B. 预埋构件、预留孔洞
   C. 设置阀门等给水附件 D. 做好管道防腐和保温工作

   【答案】B

   【解析】建筑工程施工时，给水排水工程的管理和作业人员要进行积极的配合，为日后工程的实施创造良好的条件。配合的内容除少数的直埋支管外，大量的是预埋构件、预留孔洞，同时要对表达在建筑工程图上的较大的预留孔的位置和尺寸进行复核。

4. 给水排水工程图中，弯管弯曲的方向或上下位置不同，表示的方法也不同，尤其注意双线图的弯头处（　　）的应用有区别。
   A. 粗实线 B. 细实线
   C. 虚实线 D. 虚线

   【答案】C

   【解析】给水排水工程图中，弯管弯曲的方向或上下位置不同，表示的方法也不同，尤其注意双线图的弯头处虚实线的应用有区别，单线图的起点处也有区别。

5. 给水排水平面图中管线或设备用（　　）。
   A. 粗线 B. 中粗线
   C. 中线 D. 细线

   【答案】A

   【解析】单线表示法，把管子的壁厚和空心的官腔全部看成一条线的投影，用粗实线来表示称为单线表示法，用这种方法绘制的图称为单线图。

6. 水、煤气罐、铸铁管等采用公称直径（　　）标注。
   A. DN B. dn
   C. D D. ϕ

   【答案】A

【解析】水、煤气罐、铸铁管等采用公称直径 DN 标注。

7. 标高所标注位置通常是管子的（　　）。
   A. 管顶　　　　　　　　　　　　B. 管底
   C. 边缘　　　　　　　　　　　　D. 中心位置

【答案】D

【解析】标高所标注位置通常是管子的中心位置，而大口径的管道或风管也可标注在管顶或管底，突出于建筑物的放散管或风帽等的顶部都要标注标高。

8. ——RJ——属于哪种管道图例符号（　　）。
   A. 生活热水管　　　　　　　　　B. 热水给水管
   C. 热水回水管　　　　　　　　　D. 中水给水管

【答案】B

【解析】——RJ——为热水给水管。

9. 给水排水施工图的管道代号——J——表示（　　）。
   A. 污水管　　　　　　　　　　　B. 废水管
   C. 中水给水管　　　　　　　　　D. 生活给水管

【答案】D

【解析】——J——表示生活给水管。

10. 以下管材中（　　）不是建筑给水常用管材。
    A. 钢管　　　　　　　　　　　　B. 铸铁管
    C. 陶土管　　　　　　　　　　　D. 塑料管

【答案】C

【解析】常用的金属管材包括：无缝钢管、焊接钢管、螺旋缝电焊钢管、球墨铸铁管、铜管、薄壁不锈钢管。常用的非金属管材包括：硬聚氯乙烯管、聚丙烯给水管、交联聚乙烯给水管、聚乙烯管。

11. 无缝钢管按制造方法分为热轧管和冷拔（轧）管。热轧管的最大公称直径为（　　）mm。
    A. 200　　　　　　　　　　　　B. 400
    C. 600　　　　　　　　　　　　D. 800

【答案】C

【解析】无缝钢管按制造方法分为热轧管和冷拔（轧）管。热轧管的最大公称直径为600mm。

12. 不锈钢管的连接方式多样，下面哪种不是不锈钢管常见的管件类型（　　）。
    A. 活套式法兰连接　　　　　　　B. 压紧式
    C. 承插焊接式　　　　　　　　　D. 柔性平口连接

【答案】D

【解析】不锈钢管的连接方式多样，常见的管件类型有压缩式、压紧式、活接式、推进式、推螺纹式、承插焊接式、活套式法兰连接、焊接式及焊接与传统连接相结合的派生系列连接方法。

13. 聚乙烯（PE）管适用温度范围为（　　），具有良好的耐磨性、低温抗冲击性和耐化学腐蚀性。

A. -60 ~ +60℃ B. -80 ~ +80℃
C. -40 ~ +80℃ D. -40 ~ +70℃

【答案】A

【解析】聚乙烯（PE）管适用温度范围为-60 ~ +60℃，具有良好的耐磨性、低温抗冲击性和耐化学腐蚀性。

14. 不属于常用非金属管材的是（　　）。
   A. 硬聚氯乙烯（U-PVC）管 B. 铝合金（U-PVC）复合排水管
   C. 工程塑料（ABS）给水管 D. 交联聚乙烯（PEX）给水管

【答案】B

【解析】常用非金属管材包括：硬聚氯乙烯（U-PVC）管、聚丙烯（PP-R）给水管、交联聚乙烯（PEX）给水管、工程塑料（ABS）给水管、聚乙烯（PE）管。

15. 以下管材中（　　）不是建筑给水常用管材。
   A. 钢管 B. 铸铁管
   C. 陶土管 D. 塑料管

【答案】C

【解析】常用的金属管材包括：无缝钢管、焊接钢管、螺旋缝电焊钢管、球墨铸铁管、铜管、薄壁不锈钢管。常用非金属管材包括：硬聚氯乙烯（U-PVC）管、聚丙烯（PP-R）给水管、交联聚乙烯（PEX）给水管、工程塑料（ABS）给水管、聚乙烯（PE）管。常用的复合管材为铝塑复合管和钢塑复合管。

16. （　　）以其制作省工及适于在安装加工现场集中预制，因而采用十分广泛，并已成为设备安装所有管件中主要采取的类型。
   A. 无缝钢管管件 B. 可锻铸铁钢管
   C. 球墨铸铁管件 D. 硬聚氯乙烯管件

【答案】A

【解析】无缝钢管管件以其制作省工及适于在安装加工现场集中预制，因而采用十分广泛，并已成为设备安装所有管件中主要采取的类型。

17. 属于卫生器具排水附件的是（　　）。
   A. 冲洗阀 B. 浮球阀
   C. 配水阀 D. 存水弯

【答案】D

【解析】卫生器具排水附件主要包括排水栓、地漏、存水弯（S弯和P弯）、雨水斗等。

18. 管道法兰连接一般用于消防、喷淋及空调水系统的（　　）的连接。
   A. 焊接钢管 B. 塑料管
   C. 铝塑复合管 D. 无缝钢管、螺旋管

【答案】D

【解析】管道法兰连接一般用于消防、喷淋及空调水系统的无缝钢管、螺旋管的连接。

19. 建筑给水管道安装时，干管、立管和支管的安装顺序是（　　）。

A. 立管→干管→支管 B. 支管→立管→干管
C. 干管→立管→支管 D. 立管→支管→干管

【答案】C

【解析】工艺流程：孔洞预留、预埋→干管（套管）安装→立管（套管）安装→支管安装→水压试验→管道防腐和保温→管道冲洗（消毒）→通水试验。

20. 当设计未注明时，各种管材的给水管道系统试验压力均为工作压力的（　　），但不得小于0.6MPa。

A. 1.2倍 B. 1.5倍
C. 1.8倍 D. 2倍

【答案】B

【解析】当设计未注明时，各种管材的给水管道系统试验压力均为工作压力的1.5倍，但不得小于0.6MPa。

21. 管道系统的冲洗应在管道试压合格（　　），调试、运行（　　）进行。

A. 前，后 B. 前，前
C. 后，后 D. 后，前

【答案】D

【解析】管道系统的冲洗应在管道试压合格后，调试、运行前进行。

22. 生活给水系统在交付使用前必须进行消毒，以含20~30mg/L游离氯的清洁水浸泡管道系统（　　）h。

A. 12 B. 24
C. 36 D. 48h

【答案】B

【解析】生活给水系统在交付使用前必须进行消毒，以含20~30mg/L游离氯的清洁水浸泡管道系统24h，放空后再用清洁水冲洗，并经水质管理部门化验合格，水质应符合国家《生活饮用水标准》的要求。

23. 热水管道的安装，管道存在上翻现象时，在上翻处设置（　　）。

A. 排气阀 B. 安全阀
C. 支架 D. 套管

【答案】A

【解析】热水管道的安装，管道存在上翻现象时，在上翻处设置排气阀。

24. 金属排水管上的吊钩或卡箍应固定在（　　）上。

A. 围护结构 B. 支撑结构
C. 承重结构 D. 随意固定

【答案】C

【解析】金属排水管上的吊钩或卡箍应固定在承重结构上。

25. 用于室内排水的水平管道与立管的连接，应采用（　　）。

A. 45°三通 B. 45°四通
C. 45°斜三通 D. 90°斜四通

【答案】D

【解析】用于室内排水的水平管道与水平管道、水平管道与立管的连接，应采用45°三通或45°四通和90°斜三通或90°斜四通。

26. 建筑排水硬聚氯乙烯管立管的支承件间距，当立管外径为50mm时不大于（　　）m。
    A. 1.0　　　　　　　　　　　　　B. 1.2
    C. 1.5　　　　　　　　　　　　　D. 2

【答案】B

【解析】建筑排水硬聚氯乙烯管立管的支承件间距，当立管外径为50mm时不大于1.2m。

27. 隐蔽或埋地的排水管道在隐蔽前必须做灌水试验，其灌水高度应不低于底层卫生器具的上边缘或底层地面高度。检验方法：满水（　　）min 水面下降后，再灌满观察（　　）min，液面不降，管道及接口无渗漏为合格。
    A. 15，15　　　　　　　　　　　　B. 5，5
    C. 5，15　　　　　　　　　　　　D. 15，5

【答案】D

【解析】隐蔽或埋地的排水管道在隐蔽前必须做灌水试验，其灌水高度应不低于底层卫生器具的上边缘或底层地面高度。检验方法：满水15min 水面下降后，再灌满观察5min，液面不降，管道及接口无渗漏为合格。

28. 支管设在吊顶内，清扫口可设在上一层楼地面上。清扫口与垂直于管道的墙面距离不小于（　　）mm，便于清掏。
    A. 150　　　　　　　　　　　　　B. 200
    C. 250　　　　　　　　　　　　　D. 300

【答案】B

【解析】支管设在吊顶内，清扫口可设在上一层楼地面上。清扫口与垂直于管道的墙面距离不小于200mm，便于清掏。

29. 塑料排水管道安装时，粘结前应对承插口先插入试验，不得全部插入，一般为承口的（　　）深度。
    A. 1/3　　　　　　　　　　　　　B. 2/3
    C. 1/2　　　　　　　　　　　　　D. 3/4

【答案】D

【解析】根据图纸要求并结合实际情况，按预留口位置测量尺寸，绘制加工草图。根据草图量好管道尺寸，进行断管。断口要平齐，用铣刀或刮刀除掉内外飞刺，外棱铣出15°角。粘结前应对承插口先插入试验，不得全部插入，一般为承口的3/4深度。

30. 铸铁给水管下管时应根据管径大小、管道长度和重量、管材和接口强度、沟槽和现场情况而定，当管径小，重量轻时，一般采用（　　）。
    A. 机械下管　　　　　　　　　　　B. 人工下管
    C. 机械下管与人工下管共同使用　　D. 铺设管道基础垫层

【答案】B

【解析】铸铁给水管下管时应根据管径大小、管道长度和重量、管材和接口强度、沟槽和现场情况而定，当管径小，重量轻时，一般采用人工下管，反之则采用机械下管。

31. 室外给水钢管安装时，管道接口法兰应安装在检查井内，不得埋在土里，如必须埋在土里，法兰应采取（ ）。

A. 防腐蚀措施 B. 保温措施
C. 防漏措施 D. 防塌方措施

【答案】A

【解析】室外给水钢管安装时，管道接口法兰应安装在检查井内，不得埋在土里，如必须埋在土里，法兰应采取防腐蚀措施。

32. 试压管段长度一般不得超过（ ）m。

A. 800 B. 1000
C. 1500 D. 2000

【答案】B

【解析】试压管段长度一般不得超过1000m。

33. 室外埋地排水管道一般沿道路平行于建筑物铺设，与建筑物的距离不小于（ ）m。

A. 2~4 B. 2~5
C. 3~5 D. 3~6

【答案】C

【解析】室外埋地排水管道一般沿道路平行于建筑物铺设，与建筑物的距离不小于3~5m。

34. 浇筑混凝土管墩、管座时，应待混凝土的强度达到（ ）MPa以上方可回土。

A. 2 B. 3
C. 4 D. 5

【答案】D

【解析】浇筑混凝土管墩、管座时，应待混凝土的强度达到5MPa以上方可回土。

35. 压力排水管安装时，水管道不可采用（ ）。

A. 钢管 B. 钢塑复合管
C. 给水型的塑料管 D. 排水U-PVC管

【答案】D

【解析】水管道应采用耐压的钢管、钢塑复合管或给水型的塑料管，不得采用排水U-PVC管。

36. 成品敞口水箱安装前应做（ ）。

A. 盛水试验 B. 煤油渗透试验
C. 满水试验 D. 水压试验

【答案】C

【解析】满水试验：敞口水箱安装前应做满水试验，即水箱满水后静置观察24h，以不渗不漏为合格。

37. 压力表应安装在便于观察的部位，当安装部位较高时，表盘可（ ）。

A. 稍向上倾斜 B. 稍向下倾斜
C. 稍向左倾斜 D. 稍向右倾斜

【答案】B

【解析】压力表应安装在便于观察的部位，当安装部位较高时，表盘可稍向下倾斜。

三、多选题

1. 下列哪些设备属于排水系统的组成（　　）。
   A. 水源 B. 污水收集器
   C. 水表 D. 排水管道
   E. 清通设备

   【答案】BDE

   【解析】排水系统一般由污（废）水收集器、排水管道、通气管、清通设备等组成。

2. 下列哪些设备属于给水系统的组成（　　）。
   A. 水源 B. 引入管
   C. 干管 D. 支管
   E. 通气管

   【答案】ABCD

   【解析】给水系统一般由水源、引入管、干管、水表、支管和用水设备组成，同时给水管路上设置阀门等给水附件及各种设备，如水箱、水泵及消火栓等。

3. 给水系统的分类包括（　　）。
   A. 直接供水形式 B. 附水箱供水形式
   C. 分流制供水系统 D. 水泵给水形式
   E. 联合给水形式

   【答案】ABDE

   【解析】给水系统的分类包括：直接供水形式；附水箱供水形式；水泵给水形式；水池、水泵和水箱联合给水形式。

4. 铜管具备的特性（　　）。
   A. 坚固 B. 耐腐蚀
   C. 价格低 D. 耐压
   E. 耐低温

   【答案】AB

   【解析】铜管具备坚固、耐腐蚀的特性。

5. 不锈钢管大量应用于（　　）的管路。
   A. 建筑给水 B. 直饮水
   C. 制冷 D. 供热
   E. 煤气

   【答案】AB

   【解析】不锈钢管大量应用于建筑给水和直饮水的管路。

6. 不锈钢管的连接方式多样，常见的管件类型有（　　）。
   A. 压缩式 B. 压紧式
   C. 活接式 D. 推进式
   E. 推螺纹式

【答案】ABCDE

【解析】不锈钢管的连接方式多样，常见的管件类型有压缩式、压紧式、活接式、推进式、推螺纹式、承插焊接式、活套式法兰连接、焊接式及焊接与传统连接相结合的派生系列连接方式。

7. 铝塑复合管具有的特点是（　　）。
   A. 较高的耐压性能
   B. 耐冲击性能
   C. 抗裂能力
   D. 良好的保温性能
   E. 耐腐蚀性能

【答案】ABCD

【解析】铝塑复合管是由内外层塑料（PE）、中间层铝合金及胶结层复合而成的管材，符合卫生标准，具有较高的耐压、耐冲击、抗裂能力和良好的保温性能。

8. 适用于管道沟槽式连接的是（　　）。
   A. 铜管
   B. 塑料管
   C. 无缝钢管
   D. 镀锌钢管
   E. 钢塑复合管

【答案】CDE

【解析】管道沟槽连接一般用于室内给水、消防喷淋及空调水系统的无缝钢管、镀锌钢管、钢塑复合管的连接。

9. 止回阀有严格的方向性，安装时除了注意阀体所标介质流动方向外，还须注意：（　　）。
   A. 安装升降式止回阀时应垂直安装，以保证阀盘升降灵活与工作可靠
   B. 安装升降式止回阀时应水平安装，以保证阀盘升降灵活与工作可靠
   C. 摇板式止回阀安装时，应注意介质的流动方向
   D. 只要保证摇板的旋转枢轴水平，可装在水平或垂直的管道上
   E. 可安装在任意水平和垂直管道上

【答案】BCD

【解析】止回阀有严格的方向性，安装时除了注意阀体所标介质流动方向外，还须注意下列各点：安装升降式止回阀时应水平安装，以保证阀盘升降灵活与工作可靠；摇板式止回阀安装时，应注意介质的流动方向，只要保证摇板的旋转枢轴水平，可装在水平或垂直的管道上。

10. 生活污水应按设计要求设置（　　）。
    A. 检查口
    B. 清扫口
    C. 敞开口
    D. 预留口
    E. 粘结口

【答案】AB

【解析】生活污水应按设计要求设置检查口或清扫口。

11. 当悬吊在楼板下面的污水横管上有（　　）个及以上大便器时，应在横管的起端设清扫口。
    A. 二
    B. 三

C. 四　　　　　　　　　　　　D. 五

【答案】A

【解析】连接两个及以上大便器或三个及以上卫生器具的污水横管及水流转角小于135°的污水横干管应设置清扫口。

12. 立管在穿越楼板出采用（　　）。
    A. 专用的承重短管　　　　　B. 摩擦夹紧式的固定支架
    C. 专用卡箍　　　　　　　　D. 角钢固定支架
    E. 法兰螺栓

【答案】AB

【解析】立管应在穿楼板处采用专用的承重短管或采用摩擦夹紧式的固定支架以均分管道的重量，防止接口处滑脱。

13. 全部管道连接好后，按规范要求进行灌水、通水试验，下面哪种情况会产生漏水现象（　　）。
    A. 管口剪切断面与轴向垂直度不大于3°
    B. 密封带长度小于规定值
    C. 胶圈与端口位置偏差过大
    D. 紧固带未拧紧
    E. 在预留管口做灌水试验

【答案】ABCD

【解析】管口剪切断面与轴向垂直度不大于3°、密封带长度小于规定值、胶圈与端口位置偏差过大、紧固带未拧紧等情况均会产生漏水。

14. 承口内及插口端150mm范围内需要（　　）。
    A. 略有毛刺　　　　　　　　B. 不能有锐角
    C. 清洁　　　　　　　　　　D. 平滑
    E. 有少量油污

【答案】BCD

【解析】承口内及插口端150mm范围内要清洁、平滑，不能有锐角和毛刺。

15. 卫生器具安装的共同要求，是（　　）。
    A. 平　　　　　　　　　　　B. 稳
    C. 准　　　　　　　　　　　D. 牢
    E. 使用方便且性能良好

【答案】ABCDE

【解析】卫生器具安装的共同要求，就是平、稳、准、牢、不漏，使用方便，性能良好。

16. 室外给水铸铁管连接方式主要有（　　）。
    A. 石棉水泥接口　　　　　　B. 胶圈接口
    C. 承插接口　　　　　　　　D. 套箍接口
    E. 丝扣连接

【答案】AB

【解析】室外给水铸铁管连接方式主要有石棉水泥接口、胶圈接口。

17. 塑料管不得露天架空敷设，必须露天架空敷设时应有（　　）等措施。
A. 保温
B. 防晒
C. 防漏
D. 防塌方
E. 防变形

【答案】AB

【解析】塑料管不得露天架空敷设，必须露天架空敷设时应有保温和防晒等措施。

18. 下列关于混凝土排水管安装施工过程中应注意的问题叙述正确的是（　　）。
A. 管道施工完毕，应及时进行回填，严禁晾沟
B. 浇筑混凝土管墩、管座时，应待混凝土的强度达到10MPa以上方可回土
C. 填土时，不可将土块直接砸在接口抹带及防腐层部位
D. 管顶100cm范围以内，应采用人工夯填
E. 冬期施工作完闭水试验后，应及时放净存水，防止冻裂管道造成通水后漏水

【答案】ACE

【解析】施工过程中应注意的问题：钢筋混凝土管、混凝土管、石棉水泥管承受外压差，易损坏，所以搬运和安装过程中不能碰撞，不能随意滚动，要轻放，不能随意踩踏或在管道上压重物；管道施工完毕（指已闭水试验合格者），应及时进行回填，严禁晾沟；浇筑混凝土管墩、管座时，应待混凝土的强度达到5MPa以上方可回土；填土时，不可将土块直接砸在接口抹带及防腐层部位；管顶50cm范围以内，应采用人工夯填；采用预制管时，如接口养护不好，强度不够而过早摇动，会使结构产生裂纹而漏水；冬期施工作完闭水试验后，应及时放净存水，防止冻裂管道造成通水后漏水；排水管变径时，在检查井内要求管顶标高相同。

19. 属于新型排水管材的是（　　）。
A. 硬聚氯乙烯塑料排水管
B. 双壁波纹管
C. 环形肋管
D. 螺旋肋管
E. 钢管

【答案】ABCD

【解析】目前我国民用及一般工业建筑的新型排水管材主要有采用胶水粘结的硬聚氯乙烯（U-PVC）塑料排水管、双壁波纹管、环形肋管、螺旋肋管等塑料管材。

20. 室外排水管在雨期施工时，应采取哪些措施（　　）。
A. 挖好排水沟槽
B. 设置集水井
C. 准备好抽水设备
D. 严防雨水泡槽
E. 注意保温

【答案】ABCD

【解析】室外排水管在雨期施工时，应挖好排水沟槽、集水井，准备好潜水泵、胶管等抽水设备，严防雨水泡槽。

21. 关于室外排水管作业条件叙述正确的是（　　）。
A. 管沟平直
B. 管沟深度、宽度符合要求
C. 管沟沟底夯实
D. 沟内无障碍物

E. 应有防塌方措施

【答案】ABCDE

【解析】管沟平直，管沟深度、宽度符合要求；管沟沟底夯实，沟内无障碍物，且应有防塌方措施；管沟两侧不得堆放施工材料和其他物品；室外地坪标高已基本定位，并对管沟中心线及标高进行复核；室外排水管在雨期施工时，应挖好排水沟槽、集水井，准备好潜水泵、胶管等抽水设备，严防雨水泡槽。

22. 目前常用的管道基础有哪些（　　）。
A. 砂土基础　　　　　　　　B. 素土基础
C. 混凝土枕基　　　　　　　D. 混凝土带形基础
E. 混凝土条形基础

【答案】ACD

【解析】目前常用的管道基础有三种：砂土基础、混凝土枕基、混凝土带形基础。

23. 水表应安装在（　　）。
A. 温度超过40℃的地方　　　B. 查看方便的地方
C. 不受暴晒的地方　　　　　D. 不受污染的地方
E. 不易损坏的地方

【答案】BCDE

【解析】水表应安装在查看方便、不受暴晒、不受污染和不易损坏的地方。

第七章　建筑电气工程

一、判断题

1. 凡中断供电时将在政治、经济上造成较大损失或将影响重要用电单位的正常工作等，均为一级负荷。

【答案】错误

【解析】凡中断供电时将在政治、经济上造成较大损失或将影响重要用电单位的正常工作等，均为二级负荷。

2. 电路图是表示某一供电或用电设备的电气元件工作原理的施工图，表达动作控制、测量变换和显示等的作用原理。

【答案】正确

【解析】电路图是表示某一供电或用电设备的电气元件工作原理的施工图，表达动作控制、测量变换和显示等的作用原理。

3. 线槽与托盘的区别是线槽视需要而定加盖或不加盖，托盘必须有盖。

【答案】错误

【解析】线槽与托盘的区别是线槽必须有盖，托盘视需要而定加盖或不加盖。

4. 高低压开关柜采用直接安装法，也就是在土建进行混凝土基础浇筑时，直接将基础型钢埋入基础的一种方法。

【答案】正确

【解析】直接安装法，也就是在土建进行混凝土基础浇筑时，直接将基础型钢埋入基础的一种方法。

5. 穿在管内的电线，在任何情况下都不能有接头，必须接头时，可把接头放在接线盒或灯头盒、开关盒内。

【答案】正确

【解析】穿在管内的电线，在任何情况下都不能有接头，必须接头时，可把接头放在接线盒或灯头盒、开关盒内。

6. 悬挂式配电箱安装时，采用金属支架固定，支架上可以用气割下料和开孔，便于安装。

【答案】错误

【解析】当配电箱采用金属支架固定时，支架制作前应调直型钢，并在支架上开好用于配电箱固定的螺栓孔，但严禁在支架上用气割下料和开孔。

7. 明装开关、插座的底部有接线盒，应先预埋接线盒，再安装开关、插座面板。

【答案】错误

【解析】明装开关、插座的底部无须接线盒，安装时可直接将开关、插座安装在木台上。

8. 当电动机没有铭牌，或端子标号不清楚时，可不用仪表进行检查，直接确定接线方法。

【答案】错误

【解析】当电动机没有铭牌，或端子标号不清楚时，应先用仪表或其他方法进行检查，然后再确定接线方法。

9. 直接打入地下专供接地用的经加工的各种型钢和钢管等，称为自然接地体。

【答案】错误

【解析】接地体有自然接地体和人工接地体之分，兼作接地用的直接与大地接触的各种金属构件、金属井管、钢筋混凝土建筑物的基础、金属管道和设备等，都称为自然接地体。

二、单选题

1. 建筑电气工程是为建筑物建造的电气设施，这种设备要确保在使用中对建筑物和使用建筑物的人都有可靠的（   ）。

   A. 安全保障   B. 功能保障
   C. 使用保障   D. 节能保障

【答案】A

【解析】建筑电气工程是为建筑物建造的电气设施，这种设备要确保在使用中对建筑物和使用建筑物的人都有可靠的安全保障。

2. 以下不属于建筑电气工程的构成的是（   ）。

   A. 电气装置   B. 布线系统
   C. 用电设备（器具）电气部分   D. 安装系统

【答案】D

【解析】建筑电气工程的构成分为三大部分，具体指的是：电气装置、布线系统、用电设备（器具）电气部分。

3. 以下属于电气装置的是（   ）。

   A. 插座   B. 开关柜
   C. 桥架导管   D. 电缆

【答案】B

【解析】电气装置，主要指变配电所内各类高低电压电气设备，例如变压器、开关柜、控制屏台等。

4. 建筑电气工程中，按供电对象的负荷分类不包括（   ）。

   A. 照明负荷   B. 短时工作制负荷
   C. 民用建筑负荷   D. 通信及数据处理设备负荷

【答案】B

【解析】负荷种类中，按供电对象的负荷分类为照明负荷、民用建筑负荷、通信及数据处理设备负荷。

5. 按照《标准电压》GB/T 156—2007 的规定，主要用于发电、送电及高压用电设备的额定电压为（   ）。

   A. 120V 以下   B. 220V 以上而小于 1000V

C. 1000V 以上而不大于 10kV　　　　D. 10kV 以上

【答案】C

【解析】第三类额定电压为 1000V 以上而不大于 10kV，主要用于发电、送电及高压用电设备。

6. 在建筑工程施工时电气专业要积极、正确、及时与（　　）配合。
   A. 给水排水工程施工　　　　　　B. 土建工程施工
   C. 通风与空调工程施工　　　　　D. 消防工程

【答案】B

【解析】在建筑工程施工时电气专业要积极、正确、及时与土建工程施工配合。

7. 布线系统中电线敷设的要求用类似数学公式的文字表达正确的是（　　）。
   A. $a-d(e\times f)g-h$　　　　　B. $a-e(d\times f)h-g$
   C. $e-d(a\times f)g-h$　　　　　D. $d-a(g\times f)e-h$

【答案】A

【解析】布线系统中电线敷设的要求用类似数学公式的文字表达为：$a-d(e\times f)g-h$。

8. 线路敷设方式文字符号中"PL"表示（　　）。
   A. 塑料线卡　　　　　　　　　　B. 塑料管
   C. 塑料线槽　　　　　　　　　　D. 电线管

【答案】A

【解析】线路敷设方式文字符号中"PL"表示塑料线卡。

9. 灯具安装方式的标注符号 CS 表示（　　）。
   A. 线吊式　　　　　　　　　　　B. 链吊式
   C. 管吊式　　　　　　　　　　　D. 壁装式

【答案】B

【解析】灯具安装方式的文字符号 CS 表示链吊式。

10. 常用的电线型号中"BVP"表示（　　）。
    A. 铜芯聚氯乙烯绝缘电线　　　　B. 铜芯聚氯乙烯绝缘屏蔽电线
    C. 铜芯聚氯乙烯绝缘软线　　　　D. 铜芯橡皮绝缘电线

【答案】B

【解析】常用的电线型号中"BVP"表示铜芯聚氯乙烯绝缘屏蔽电线。

11. 电力线缆的作用是（　　）。
    A. 为信号提供通路　　　　　　　B. 为指令提供通路
    C. 为测量数据提供通路　　　　　D. 供应电能

【答案】D

【解析】电缆分为电力电缆和控制电缆两大类，电力电缆供应电能，控制电缆为信号、指令、测量数据等提供通路。

12. 导线、电缆型号（500V 以下）BVV、BLVV 表示（　　）。
    A. 铜芯、铝芯塑料绝缘护套线
    B. 铜芯、铝芯聚氯乙烯绝缘导线
    C. 铜芯、铝芯橡皮绝缘电线

D. 铜芯、铝芯橡皮绝缘电力电缆

【答案】A

【解析】导线、电缆型号（500V以下）BVV、BLVV表示铜芯、铝芯塑料绝缘护套线。

13. 下列导管分类中属于以导管通用程度分类的是（　　）。
    A. 刚性导管　　　　　　　　　B. 专用导管
    C. 柔性导管　　　　　　　　　D. 可挠性导管

【答案】B

【解析】导管以通用程度分类可分为专用导管和非专用导管两类，前者仅在电气工程中应用，后者其他工程中也可采用。

14. 配电柜（盘）安装调整结束后，应用螺栓将柜体与（　　）进行紧固。
    A. 基础型钢　　　　　　　　　B. 不锈钢底座
    C. 水泥基础　　　　　　　　　D. 室内地面

【答案】A

【解析】高低压开关柜大多安装在基础型钢上，高低压开关柜就位后，与基础型钢用螺栓固定或焊接固定。

15. 钢管外壁刷漆要求与敷设方式和钢管种类有关，以下说法错误的是（　　）。
    A. 埋入混凝土内的钢管需要刷防腐漆
    B. 埋入道渣垫层和土层内的钢管应刷两道沥青
    C. 埋入砖墙内的钢管应刷红丹漆等防腐
    D. 钢管明敷时，应刷一道防腐漆，一道面漆

【答案】A

【解析】钢管外壁刷漆要求与敷设方式和钢管种类有关：
1）埋入混凝土内的钢管不刷防腐漆；
2）埋入道渣垫层和土层内的钢管应刷两道沥青（使用镀锌钢管可不刷）；
3）埋入砖墙内的钢管应刷红丹漆等防腐；
4）钢管明敷时，应刷一道防腐漆，一道面漆（若设计无规定颜色，一般采用灰色漆）；
5）埋入有腐蚀的土层中的钢管，应按设计要求进行防腐处理。

16. 绝缘导管的安装和弯曲，应在原材料规定的允许环境温度下进行，其温度不宜低于（　　）℃。
    A. -15　　　　　　　　　　　B. -20
    C. -10　　　　　　　　　　　D. -8

【答案】A

【解析】绝缘导管的安装和弯曲，应在原材料规定的允许环境温度下进行，其温度不宜低于-15℃。

17. 金属桥架或线槽及其支架是以敷设电气线路为主的保护壳，和金属导管一样必须（　　）。
    A. 用螺栓可靠连接　　　　　　B. 防腐蚀处理

C. 接地可靠　　　　　　　　　　D. 确定走向

【答案】C

【解析】金属桥架或线槽及其支架是以敷设电气线路为主的保护壳,和金属导管一样必须接地可靠。

18. 母线水平安装可用（　　）。
A. 楼面支撑弹性支架　　　　　　B. 膨胀螺栓固定
C. 托架或吊架　　　　　　　　　D. 焊接固定

【答案】C

【解析】母线水平安装可用托架或吊架,垂直安装时,应用楼面支撑弹性支架。

19. 电缆及其附件如不立即安装,应（　　）。
A. 松散堆放　　　　　　　　　　B. 集中分类存放
C. 置于阳光下曝晒　　　　　　　D. 每六个月检查一次

【答案】B

【解析】电缆及其附件如不立即安装,应集中分类存放。

20. 电缆施放前应根据电缆总体布置情况,按施工实际（　　）,并把电缆按实际长度通盘计划,避免浪费。
A. 人力拖放电缆　　　　　　　　B. 采用电缆输送机,降低劳动强度
C. 绘制电缆排列布置图　　　　　D. 排列整齐

【答案】C

【解析】电缆施放前应根据电缆总体布置情况,按施工实际绘制电缆排列布置图,并把电缆按实际长度通盘计划,避免浪费。

21. 以下电缆敷设程序错误的是（　　）。
A. 先敷设集中排列的电缆,后敷设分散排列的电缆
B. 先敷设长电缆,后敷设短电缆
C. 并列敷设的电缆先内后外
D. 上下敷设的电缆先上后下

【答案】D

【解析】电缆敷设程序坚持:先敷设集中排列的电缆,后敷设分散排列的电缆;先敷设长电缆,后敷设短电缆;并列敷设的电缆先内后外,上下敷设的电缆先下后上。

22. 电线穿墙时应装过墙管保护,过墙管两端伸出墙面不小于（　　）mm。
A. 5　　　　　　　　　　　　　　B. 8
C. 10　　　　　　　　　　　　　 D. 15

【答案】C

【解析】电线穿墙时应装过墙管保护,过墙管两端伸出墙面不小于10mm,当然太长也不美观。

23. 在同一建筑物内同类配电箱的高度应保持一致,允许偏差为（　　）mm。
A. 10　　　　　　　　　　　　　 B. 15
C. 20　　　　　　　　　　　　　 D. 25

【答案】A

【解析】在同一建筑物内同类配电箱的高度应保持一致,允许偏差为10mm。

24. 配电箱的安装高度以设计为准,箱体安装应保持水平和垂直,安装的垂直度允许偏差为( )。
   A. 1.0‰　　　　　　　　　　　　B. 1.5‰
   C. 2.0‰　　　　　　　　　　　　D. 2.5‰

【答案】B

【解析】配电箱的安装高度以设计为准(当设计未做规定时按规范要求底边距地为1.5m),箱体安装应保持水平和垂直,安装的垂直度允许偏差为1.5‰。

25. 嵌入式配电箱全部电器安装完毕后,用( )伏兆欧表对线路进行绝缘检测。
   A. 220　　　　　　　　　　　　B. 300
   C. 450　　　　　　　　　　　　D. 500

【答案】D

【解析】全部电器安装完毕后,用500伏兆欧表对线路进行绝缘检测。

26. 室内灯具的安装方式主要有( )。
   A. 吸顶式、嵌入式、挂式、悬吊式
   B. 落地式、吸顶式、吸壁式、悬吊式
   C. 吸顶式、嵌入式、挂式、落地式
   D. 吸顶式、嵌入式、吸壁式、悬吊式

【答案】D

【解析】室内灯具的安装方式主要有吸顶式、嵌入式、吸壁式、悬吊式。

27. 灯具安装时其质量大于( )kg,必须固定在螺栓或预埋吊钩上。
   A. 2　　　　　　　　　　　　　B. 3
   C. 4　　　　　　　　　　　　　D. 4.5

【答案】B

【解析】灯具安装时其质量大于3kg,必须固定在螺栓或预埋吊钩上。

28. 软线吊灯灯具重量不大于( )kg。
   A. 1.0　　　　　　　　　　　　B. 0.1
   C. 0.2　　　　　　　　　　　　D. 0.5

【答案】D

【解析】软线吊灯,灯具质量在0.5kg及以下时,可采用软电线自身吊装。

29. 照明灯具使用的导线其电压等级不应低于交流( )V,其最小线芯截面应符合规定,接线端子光洁、无锈蚀等现象。
   A. 220　　　　　　　　　　　　B. 300
   C. 400　　　　　　　　　　　　D. 500

【答案】D

【解析】照明灯具使用的导线其电压等级不应低于交流500V,其最小线芯截面应符合规定,接线端子光洁、无锈蚀等现象。

30. 对安装在顶棚装饰材料上的灯具,若灯泡距顶棚或木台太近,且顶棚为易燃材料时,应在灯具底座与顶棚间或灯泡与木台间放置( )。

A. 绝缘子 B. 熔断器
C. 隔热垫 D. 防水垫

【答案】C

【解析】对安装在顶棚装饰材料上的灯具，若灯泡距顶棚或木台太近，且顶棚为易燃材料时，应在灯具底座与顶棚间或灯泡与木台间放置隔热垫（类似于石棉垫的材料）。

31. 大型花灯的固定及悬吊装置，应按灯具重量的（　　）倍做过载试验，以达到安全使用的目的。

A. 1.5 B. 2
C. 3 D. 5

【答案】D

【解析】大型花灯的固定及悬吊装置，应按灯具重量的5倍做过载试验。

32. 开关安装位置应便于操作，开关边缘距门框边缘距离（　　）m。

A. 0.10～0.15 B. 0.15～0.20
C. 0.20～0.25 D. 0.25～0.30

【答案】B

【解析】开关安装位置应便于操作，开关边缘距门框边缘距离0.15～0.20m，开关距地面高度1.3m。

33. 照明全负荷通电试运行时，民用住宅照明系统通电连续运行时间为（　　）h。

A. 24 B. 12
C. 8 D. 4

【答案】C

【解析】通电连续运行时间：公用建筑照明系统24h，民用住宅照明系统8h。

34. 如果电动机出厂日期超过了制造厂保证期限，或经检查后有可疑时应进行（　　）。

A. 拆开接线盒 B. 检验绝缘电阻值
C. 抽芯检查 D. 外观检查

【答案】C

【解析】如果电动机出厂日期超过了制造厂保证期限，或经检查后有可疑时应进行抽芯检查。

35. 检查电动机绕组和控制线路的绝缘电阻应不低于（　　）MΩ。

A. 0.5 B. 0.7
C. 0.9 D. 1.0

【答案】A

【解析】检查电动机绕组和控制线路的绝缘电阻应符合要求，应不低于0.5MΩ。

36. 避雷针一般选用镀锌圆钢或钢管加工而成，针长（　　）。

A. 1m以下 B. 1～2m
C. 2～3m D. 2m以上

【答案】B

【解析】避雷针一般选用镀锌圆钢或钢管加工而成，针长1～2m，截面不小于100mm^2，钢管壁厚应不小于3mm，顶端均加工成针形。

37. 防雷接地系统中的避雷针、网、带的连接一般采用搭接焊，其焊接长度满足要求的是（   ）。

A. 圆钢与扁钢连接时，其长度为圆钢直径的 5 倍

B. 扁钢为其宽度的 3 倍，两面施焊

C. 扁钢为其宽度的 2 倍，三面施焊

D. 圆钢为其长度的 6 倍，三面施焊

【答案】C

【解析】防雷接地系统中的避雷针、网、带的连接一般采用搭接焊，其焊接长度满足要求的是扁钢为其宽度的 2 倍，三面施焊（当宽度不同时，搭接长度以宽的为准）。

三、多选题

1. 房屋建筑安装工程中电力电缆的额定电压有（   ）kV。

A. 1   B. 5

C. 10   D. 20

E. 35

【答案】ACE

【解析】房屋建筑安装工程中电力电缆的额定电压有 1kV、10kV、35kV。

2. 干式变压器是 20 世纪 80 年代以后开始被广泛采用的一种变压设备，分为（   ）。

A. 固定式   B. 抽屉式

C. 开启式   D. 封闭式

E. 浇筑式

【答案】CDE

【解析】干式变压器是 20 世纪 80 年代以后开始被广泛采用的一种变压设备，分为开启式、封闭式和浇筑式三类，一般容量在 3150kVA 及以下，因此多为整体安装。

3. 可挠金属导管与钢导管相比，所具有的优点（   ）。

A. 敷设方便   B. 施工操作简单

C. 安装时不受建筑部位影响   D. 施工操作简单

E. 价格相对较高

【答案】ABCD

【解析】与钢导管相比，它的最大优点是敷设方便、施工操作简单，由于导管结构上具有可挠性，因此安装时不受建筑部位影响，随意性较大，但价格相对较高。

4. 把绝缘电线穿在管内敷设，称为管内穿线，这种方法的特点是（   ）。

A. 比较安全可靠   B. 可避免腐蚀性气体的侵蚀

C. 可避免机械损伤   D. 施工耗时较多

E. 更换电线方便

【答案】ABCE

【解析】把绝缘电线穿在管内敷设，称为管内穿线。这种布线方式比较安全可靠，可避免腐蚀性气体的侵蚀和机械损伤，更换电线方便。

5. 钢导管的连接方式有：（   ）。

A. 镀锌厚壁钢导管的丝扣连接
B. 镀锌薄壁钢导管的套接扣压式连接
C. 镀锌薄壁钢导管的套接紧定式连接
D. 非镀锌厚壁钢导管的丝扣或套管连接
E. 非镀锌薄壁钢导管的丝扣连接

【答案】ABCDE

【解析】钢导管的连接方式有：镀锌厚壁钢导管的丝扣连接、镀锌薄壁钢导管的套接扣压式连接和套接紧定式连接、非镀锌厚壁钢导管的丝扣或套管连接、非镀锌薄壁钢导管的丝扣连接。

6. 嵌入式配电箱安装也即配电箱暗装，包括（　　）几种情况。
  A. 混凝土墙板上暗装
  B. 砖墙上暗装
  C. 木结构上暗装
  D. 轻钢龙骨护板墙上暗装
  E. 落地式安装

【答案】ABCD

【解析】嵌入式配电箱安装也即配电箱暗装，有混凝土墙板上暗装、砖墙上暗装和木结构或轻钢龙骨护板墙上暗装几种情况。

7. 测量接地电阻的方法有（　　）。
  A. 电压、电流和功率表法
  B. 比率计法
  C. 电桥法
  D. 接地电阻测量仪测量法
  E. 万用表法

【答案】ABCD

【解析】测量接地电阻的方法很多，有电压、电流和功率表法；比率计法；电桥法和接地电阻测量仪测量法。

第八章 通风与空调工程

一、判断题

1. 机械通风，就是依靠室内外空气所产生的热压和风压作用而进行的通风。

【答案】错误

【解析】所谓机械通风，就是依靠风机作用而进行的通风。

2. 为保持室内的空气环境符合卫生标准的需要，直接把新鲜的空气补充进行，这一排风、送风的过程就是通风过程。

【答案】错误

【解析】为保持室内的空气环境符合卫生标准的需要，把建筑物室内污浊的空气直接或净化后排至室外，再把新鲜的空气补充进行，这一排风、送风的过程就是通风过程。

3. 根据空气流动的动力不同，通风方式可分为人工通风和机械通风两种。

【答案】错误

【解析】根据空气流动的动力不同，通风方式可分为自然通风和机械通风两种。

4. 空调系统由冷热源系统、空气处理系统、自动控制系统等三个子系统组成。

【答案】错误

【解析】空调系统由冷热源系统、空气处理系统、能量输送分配系统和自动控制系统等四个子系统组成。

5. 通风与空调工程中，其预留孔大多在建筑施工图上，且数量较多。

【答案】正确

【解析】除预埋件和预留孔洞外，由于通风与空调工程风管尺寸较大，其预留孔大多在建筑施工图上，且数量较多，有的工程还要水泥风管（风道），所以要对由土建施工单位的相关作业的结果进行位置和尺寸的复核。

6. 钢板厚度不大于1.2mm采用咬接，大于1.2mm采用焊接。

【答案】正确

【解析】钢板厚度不大于1.2mm采用咬接，大于1.2mm采用焊接。

7. 除尘系统的风管，宜采用内侧间断焊、外侧满焊形式。

【答案】错误

【解析】除尘系统的风管，宜采用内侧满焊、外侧间断焊形式。

8. 不锈钢风管与法兰铆接可采用与风管材质不同的材料。

【答案】错误

【解析】不锈钢风管与法兰铆接应采用与风管材质相同或不产生电化学腐蚀的材料。

9. 风管与法兰焊接时，风管端面不得高于法兰接口平面，风管端面距法兰接口平面不应小于5mm。

【答案】正确

【解析】风管与法兰焊接时，风管端面不得高于法兰接口平面，风管端面距法兰接口平面不应小于 5mm。

10. 中压和高压系统风管的管段，其长度大于 1250mm 时，还应有加固或补强措施。

【答案】正确

【解析】中压和高压系统风管的管段，其长度大于 1250mm 时，还应有加固或补强措施。

11. 金属风管起吊时，首先要进行试吊，当离地 200~300mm 时，停止起升。

【答案】正确

【解析】风管起吊时，首先要进行试吊，当离地 200~300mm 时，停止起升。

12. 风管的连接应平直、不扭曲，明装风管垂直安装。

【答案】错误

【解析】风管的连接应平直、不扭曲，明装风管水平安装。

13. 风管与砖、混凝土风道的连接口，应逆气流方向插入，并采取密封措施。

【答案】错误

【解析】风管与砖、混凝土风道的连接口，应顺气流方向插入，并采取密封措施。

14. 不锈钢板、铝板风管与碳素钢支架的接触处应有隔绝或防腐绝缘措施。

【答案】正确

【解析】不锈钢板、铝板风管与碳素钢支架的接触处应有隔绝或防腐绝缘措施。

15. 插条式连接，主要用于圆形风管连接。

【答案】错误

【解析】插条式连接，主要用于矩形风管连接。

16. 柜式空调机组安装于管道的连接应严密、无渗漏，四周应留有相应的维修空间。

【答案】正确

【解析】柜式空调机组安装于管道的连接应严密、无渗漏，四周应留有相应的维修空间。

17. 法兰、螺纹等处的密封材料应与管内的介质性能相适应。

【答案】正确

【解析】法兰、螺纹等处的密封材料应与管内的介质性能相适应。

18. 空调用制冷系统安装，液体支管引出时，必须从干管顶部和侧面接出。

【答案】错误

【解析】空调用制冷系统安装，液体支管引出时，必须从干管底部或侧面接出。

19. 制冷剂管道弯管的弯曲半径不应小于 $2.5D$。

【答案】错误

【解析】制冷剂管道弯管的弯曲半径不应小于 $3.5D$，其最大外径与最小外径之差不应大于 $0.08D$，且不应使用焊接弯管及褶皱弯管。

20. 空调用制冷系统安装时，铜管切口应平整、不得有毛刺、凹凸等缺陷。

【答案】正确

【解析】铜管切口应平整、不得有毛刺、凹凸等缺陷。

21. 输送乙二醇溶液的管道系统，须使用内镀锌管道及配件。

【答案】错误

【解析】输送乙二醇溶液的管道系统，不得使用内镀锌管道及配件。

22. 空调系统无生产负荷的联合试运转及调试中，空调冷热水、冷却水总流量测试结果与设计流量的偏差不应大于20%。

【答案】错误

【解析】空调系统无生产负荷的联合试运转及调试中，空调冷热水、冷却水总流量测试结果与设计流量的偏差不应大于10%。

23. 通风工程系统无产生负荷联动试运转及调试，系统调试试运行时间不得小于2h。

【答案】正确

【解析】通风工程系统无产生负荷联动试运转及调试，系统调试试运行时间不得小于2h。

24. 净化空调系统运行前应在回风、新风的吸入口处和粗、中效过滤器前设置临时除尘器。

【答案】错误

【解析】净化空调系统运行前应在回风、新风的吸入口处和粗、中效过滤器前设置临时用过滤器。

25. 通风与空调工程的系统调试包括设备单机试运转、调试及系统无生产负荷下的联合试运转、调试。

【答案】正确

【解析】通风与空调工程的系统调试包括设备单机试运转、调试及系统无生产负荷下的联合试运转、调试。

26. 通风与空调系统根据室内设计参数，对室内噪声进行测定，用声级计测定时，其测定点以房间中心离地面高度1.2m处。

【答案】正确

【解析】室内噪声的测定：用声级计测定，其测定点以房间中心离地面高度1.2m处。

二、单选题

1. 机械通风根据通风系统的作用范围不同，机械通风可划分为（　　）。
   A. 局部通风和全面通风　　　　B. 自然通风和人工通风
   C. 局部通风和自然通风　　　　D. 人工通风和全面通风

【答案】A

【解析】机械通风根据通风系统的作用范围不同，机械通风可划分为局部通风和全面通风。

2. 以下不属于空调系统的构成的是（　　）。
   A. 空气处理系统　　　　　　　B. 送风排风系统
   C. 冷热源系统　　　　　　　　D. 能量输送分配系统

【答案】B

【解析】空调系统由冷热源系统、空气处理系统、能量输送分配系统和自动控制系统等四个子系统组成。

3. 辐射供冷、供热空调系统是利用（　　）作为空调系统的冷、热源。

A. 高温热水或低温冷水 B. 高温热水或高温冷水
C. 低温热水或低温冷水 D. 低温热水或高温冷水

【答案】D

【解析】辐射供冷、供热空调系统是利用低温热水或高温冷水作为空调系统的冷、热源。

4. VRV 系统是（ ）的简称。
   A. 集中式单风管空调系统 B. 集中式双风管空调系统
   C. 风机盘管式空调系统 D. 可变冷媒流量空调系统

【答案】D

【解析】可变冷媒流量空调系统简称 VRV 系统，即通常指的制冷剂中央空调系统。

5. 圆形风管所注标高应表示（ ）。
   A. 管中心标高 B. 管底标高
   C. 管顶标高 D. 相对标高

【答案】A

【解析】圆形风管所注标高应表示管中心标高。

6. 室内采暖施工图中室内供暖系统字母代号为（ ）。
   A. L B. R
   C. P D. N

【答案】D

【解析】室内采暖施工图中室内供暖系统字母代号为 N。

7. 防火软接采用硅橡胶涂覆玻纤布为软接材料，用高温线缝制而成，最高耐温可达（ ）℃。
   A. 200 B. 300
   C. 400 D. 500

【答案】C

【解析】防火软接采用硅橡胶涂覆玻纤布为软接材料，用高温线缝制而成，最高耐温可达 400℃。

8. 复合材料风管的覆面材料必须为（ ）。
   A. 不燃材料 B. 难燃材料
   C. 绝缘材料 D. 塑性材料

【答案】A

【解析】复合材料风管的覆面材料必须为不燃材料，内部的绝热材料应为不燃或难燃 B1 级，且对人体无害的材料。

9. 风管的外径或外边尺寸的允许偏差为（ ）mm。
   A. 2 B. 3
   C. 4 D. 5

【答案】B

【解析】风管的外径或外边尺寸的允许偏差为 3mm。

10. 帆布柔性短管需要防潮时采取的措施是（ ）。

A. 涂刷油漆　　　　　　　　　　B. 涂刷防锈漆
C. 涂刷帆布漆　　　　　　　　　D. 镀锌

【答案】C

【解析】柔性短管如需防潮，帆布柔性短管可刷帆布漆，不得刷油漆，防止失去弹性和伸缩性。

11. 支架的悬臂、吊架的横担采用（　　）制作。
A. 圆钢　　　　　　　　　　　　B. 圆钢和扁钢
C. 扁钢　　　　　　　　　　　　D. 角钢或槽钢

【答案】D

【解析】支架的悬臂、吊架的横担采用角钢或槽钢制作。

12. 当系统洁净度的等级为6～9级时，风管的法兰铆钉孔的间距不应大于（　　）mm。
A. 65　　　　　　　　　　　　　B. 85
C. 100　　　　　　　　　　　　 D. 115

【答案】C

【解析】风管的法兰铆钉孔的间距，当系统洁净度的等级为1～5级时，不应大于65mm；为6～9级时，不应大于100mm。

13. 风管的强度应能满足在（　　）倍工作压力下接缝处无开裂。
A. 1.0　　　　　　　　　　　　　B. 1.5
C. 2.0　　　　　　　　　　　　　D. 3.0

【答案】B

【解析】风管的强度应能满足在1.5倍工作压力下接缝处无开裂。

14. 金属风管的连接应平直、不扭曲，明装风管水平安装，水平度总偏差不应大于（　　）mm。
A. 20　　　　　　　　　　　　　B. 35
C. 30　　　　　　　　　　　　　D. 35

【答案】A

【解析】金属风管的连接应平直、不扭曲，明装风管水平安装。水平度的允许偏差为3/1000，总偏差不应大于20mm。

15. 防火分区隔墙两侧的防火阀距墙体表面不应大于（　　）mm。
A. 200　　　　　　　　　　　　 B. 300
C. 400　　　　　　　　　　　　 D. 500

【答案】A

【解析】防火分区隔墙两侧的防火阀距墙体表面不应大于500mm。

16. 矩形风管立面与吊杆的间距不宜大于（　　）mm。
A. 100　　　　　　　　　　　　 B. 150
C. 200　　　　　　　　　　　　 D. 250

【答案】B

【解析】矩形风管立面与吊杆的间距不宜大于150mm。

17. 保温风管不能直接与支、吊架托架接触，应垫上坚固的隔热材料，其厚度与保温层相同,防止产生( )。
A. 锈蚀	B. 污染
C. 热桥	D. 冷桥

【答案】D

【解析】保温风管不能直接与支、吊架托架接触,应垫上坚固的隔热材料,其厚度与保温层相同,防止产生冷桥。

18. 在风管穿过需要封闭的防火、防爆的墙体或楼板时,应( )。
A. 增加管壁厚度不应小于1.2mm	B. 设预埋管或防护套管
C. 采用耐热不燃的材料替换	D. 控制离地高度

【答案】B

【解析】在风管穿过需要封闭的防火、防爆的墙体或楼板时,应设预埋管或防护套管,其钢板厚度不应小于1.6mm。

19. 风机传动装置外露部位及直通大气的进出口必须装设( )。
A. 隔振器	B. 防护罩
C. 支架	D. 金属套管

【答案】B

【解析】风机传动装置外露部位及直通大气的进出口必须装设防护罩(网)。

20. 高效过滤器采用机械密封时,须采用密封胶,其厚度为( )mm。
A. 4~6	B. 6~8
C. 8~10	D. 10~12

【答案】B

【解析】高效过滤器采用机械密封时,须采用密封胶,其厚度为6~8mm,并定位贴在过滤器边框上,安装后塑料的压缩应均匀,压缩率为25%~50%。

21. 有两根以上的支管从干管引出时,连接部位应错开,间距不应小于2倍支管直径,且不小于( )mm。
A. 10	B. 20
C. 30	D. 40

【答案】B

【解析】有两根以上的支管从干管引出时,连接部位应错开,间距不应小于2倍支管直径,且不小于20mm。

22. 制冷剂阀门安装前应进行严密性试验,严密性试验压力为阀门公称压力的1.1倍,持续时间( )s不漏为合格。
A. 15	B. 20
C. 25	D. 30

【答案】D

【解析】制冷剂阀门安装前应进行严密性试验,严密性试验压力为阀门公称压力的1.1倍,持续时间30s不漏为合格。

23. 管道与设备的连接应在设备安装完毕后进行,与风管、制冷机组的连接须( )。
A. 采取刚性连接	B. 采取柔性连接

C. 强行对口连接　　　　　　　　D. 置于套管内连接

【答案】B

【解析】管道与设备的连接应在设备安装完毕后进行，与风管、制冷机组的连接必须柔性连接，并不得强行对口连接，与其连接的管道应设置独立支架。

24. 对阀门强度试验时，试验压力为公称压力的（　　）倍。
A. 1.0　　　　　　　　　　　　B. 1.5
C. 2.0　　　　　　　　　　　　D. 2.5

【答案】B

【解析】对阀门强度试验时，试验压力为公称压力的1.5倍。

25. 对阀门强度试验时，试验压力为公称压力的1.5倍，持续时间不少于（　　）min，阀门的壳体、填料应无渗漏。
A. 3　　　　　　　　　　　　　B. 5
C. 8　　　　　　　　　　　　　D. 10

【答案】B

【解析】对阀门强度试验时，试验压力为公称压力的1.5倍，持续时间不少于5min，阀门的壳体、填料应无渗漏。

26. 系统平衡调整后，各空调机组的水流量应符合设计要求，允许偏差为（　　）。
A. 10%　　　　　　　　　　　　B. 15%
C. 20%　　　　　　　　　　　　D. 25%

【答案】C

【解析】系统平衡调整后，各空调机组的水流量应符合设计要求，允许偏差为20%。

27. 相邻不同级别洁净室之间和非洁净室之间的静压差不应小于（　　）Pa。
A. 3　　　　　　　　　　　　　B. 5
C. 8　　　　　　　　　　　　　D. 10

【答案】D

【解析】相邻不同级别洁净室之间和非洁净室之间的静压差不应小于5Pa，洁净室与室外的静压差不应小于10Pa。

三、多选题

1. 通风与空调工程一般包括（　　）。
A. 通风机房　　　　　　　　　B. 制热和制冷设备
C. 送风排风的风管系统　　　　D. 传递冷媒的管道系统
E. 传递热媒的管道系统

【答案】ABCDE

【解析】通风与空调工程的具体内容要视工程设计和工程规模大小而定，一般包括各种通风机房、制热和制冷设备、送风排风的风管系统，传递冷媒热媒的管道系统等。

2. 根据空气流动的动力不同，通风方式可分为（　　）。
A. 自然通风　　　　　　　　　B. 人工通风
C. 机械通风　　　　　　　　　D. 局部通风

E. 全面通风

【答案】AC

【解析】根据空气流动的动力不同，通风方式可分为自然通风和机械通风两种。

3. 空气调节系统按照空气处理方式分类包括（　　）。
A. 集中式空调　　　　　　　　B. 直流式空调
C. 闭式空调　　　　　　　　　D. 半集中式空调
E. 局部式空调

【答案】ADE

【解析】空气调节系统按照空气处理方式分类包括：集中式（中央）空调、半集中式空调、局部式空调。

4. VRV 系统的特点是（　　）。
A. 节能
B. 布置灵活
C. 系统大、占用建筑空间少
D. 可根据不同房间的空调要求自动选择制冷和供热
E. 安装方便、运行可靠

【答案】ABCDE

【解析】VRV 系统由于冷媒管道直接布置在室内，冷热量输送损失较小，占用建筑空间少，布置灵活，可根据不同房间空调要求自动选择制冷和制热。系统的特点；节能；系统大、占用空间少；安装方便、运行可靠。

5. 目前空调通风管道的材料分类主要有（　　）。
A. 金属风管　　　　　　　　　B. 非金属风管
C. 复合风管　　　　　　　　　D. 玻璃钢风管
E. 玻镁复合风管

【答案】ABC

【解析】目前主要有几大分类：金属风管、非金属风管、复合风管。

6. 不锈钢板风管材料的一般特性包括（　　）。
A. 表面美观及使用性能多样化
B. 耐腐蚀性好，比普通钢长久耐用
C. 强度高，因而薄板使用的可能性大
D. 耐高温氧化及强度高，因此能够抗火灾
E. 常温加工，即容易塑性加工

【答案】ABCDE

【解析】一般特性：表面美观及使用性能多样化；耐腐蚀性好，比普通钢长久耐用；强度高，因而薄板使用的可能性大；耐高温氧化及强度高，因此能够抗火灾；常温加工，即容易塑性加工；因为不必表面处理，所以简便、维护简单；清洁，光洁度高；焊接性能好。

7. 金属风管的连接包括（　　）。
A. 板材间的咬口连接、焊接　　　B. 法兰与风管的铆接

C. 法兰加固圈与风管的连接 D. 压弯成型
E. 拼缝粘接

【答案】ABC

【解析】金属风管连接包括板材间的咬口连接、焊接；法兰与风管的铆接；法兰加固圈与风管的连接。

8. 通风空调工程中使用的焊接方法有（　　）。
   A. 电焊 B. 氩弧焊
   C. 电渣压力焊 D. 气焊
   E. 锡焊

【答案】ABDE

【解析】通风空调工程中使用的焊接方法有电焊、氩弧焊、气焊和锡焊。

9. 以下哪些风管需要采取加固措施（　　）。
   A. 矩形风管边长小于630mm B. 保温风管边长大于800mm
   C. 管段长度大于1250mm D. 低压风管单边面积小于1.2m²
   E. 高压风管单边面积大于1.0m²

【答案】BCE

【解析】矩形风管边长大于630mm、保温风管边长大于800mm，其管段长度大于1250mm，或低压风管单边面积大于1.2m²，中、高压风管单边面积大于1.0m²，均应采取加固措施。

10. 无机玻璃钢风管分为（　　）。
    A. 整体普通型 B. 整体保温型
    C. 组合型 D. 组合普通型
    E. 组合保温型

【答案】ABCE

【解析】无机玻璃钢风管分为整体普通型、整体保温型、组合型和组合保温型四类。

11. 风管连接用法兰垫料的要求是（　　）。
    A. 不产尘 B. 不易老化
    C. 具有一定的强度的材料 D. 具有一定的弹性的材料
    E. 厚度为5~8mm

【答案】ABCDE

【解析】法兰垫料应为不产尘、不易老化和具有一定强度和弹性的材料，厚度为5~8mm，不得采用乳胶海绵。

12. 泵试运转前应做的检查是（　　）。
    A. 各处螺栓紧固情况 B. 加油润滑情况
    C. 电机转向复合泵的转向要求 D. 供电、仪表达到要求
    E. 用手盘动水泵灵活、无卡阻

【答案】ABCDE

【解析】泵试运转前应做如下检查：各处螺栓紧固情况；加油润滑情况；电机转向复合泵的转向要求；供电、仪表达到要求；用手盘动水泵灵活、无卡阻。

13. 泵的试运转正确的叙述是（　　）。
A. 关闭排水管阀门，打开吸水管路阀门
B. 吸入管内充满水，排尽泵体内的空气
C. 转速正常后，徐徐开启吸水管上的阀门
D. 要注意泵关闭时间一般不应超过 3~5min
E. 泵在额定工况点连续试运转时间不应少于3h

【答案】AB

【解析】试运转：关闭排水管阀门，打开吸水管路阀门；吸入管内充满水，排尽泵体内的空气；转速正常后，徐徐开启排水管上的阀门；要注意泵关闭时间一般不应超过2~3min；泵在额定工况点连续试运转时间不应少于2h。

14. 泵的清洗和检查满足的要求是（　　）。
A. 整体出厂的泵可不拆卸，只清理外表
B. 当有损伤时，整体出厂的泵应按随机技术文件的规定进行拆洗
C. 解体出厂的泵应检查各零件和部件，并应无损伤、无锈蚀，并将其清洗洁净
D. 配合表面应涂上润滑油，并应按装配零件和部件的标记分类放置
E. 弯管飞段法兰平面间紧固零件和导叶体主轴承的紧固零件，出厂装配好的部分，不得拆卸

【答案】ABCDE

【解析】泵的清洗和检查满足的要求是：整体出厂的泵可不拆卸，只清理外表；当有损伤时，整体出厂的泵应按随机技术文件的规定进行拆洗；解体出厂的泵应检查各零件和部件，并应无损伤、无锈蚀，并将其清洗洁净；配合表面应涂上润滑油，并应按装配零件和部件的标记分类放置；弯管飞段法兰平面间紧固零件和导叶体主轴承的紧固零件，出厂装配好的部分，不得拆卸。

15. 水泵隔振包括（　　）。
A. 水泵机组隔振　　　　　　B. 齿轮箱隔振
C. 叶片隔振　　　　　　　　D. 管道隔振
E. 支架隔振

【答案】ADE

【解析】水泵隔振包括：水泵机组隔振；管道隔振；支架隔振。

16. 空调用的制冷系统，常用的有（　　）。
A. 蒸汽压缩式制冷系统　　　B. 溴化锂吸收式制冷系统
C. 蒸汽喷射式制冷系统　　　D. 换热器冷凝系统
E. 低压液体制冷系统

【答案】ABC

【解析】空调用的制冷系统，常用的有蒸汽压缩式制冷系统、溴化锂吸收式制冷系统和蒸汽喷射式制冷系统。

17. 制冷管道系统须进行的试验有：（　　）。
A. 强度试验　　　　　　　　B. 噪声试验
C. 真空试验　　　　　　　　D. 气密性试验

E. 静压试验

【答案】ACD

【解析】制冷管道系统进行强度、气密性试验及真空试验,且必须合格。

18. 通风空调系统测定与调整的目的,是通过系统运转的调试以检查和发现系统在( )等方面存在的问题。
   A. 设计	B. 设备性能
   C. 施工质量	D. 施工准备
   E. 竣工验收

【答案】ABC

【解析】通风空调系统测定与调整的目的,是通过系统运转的调试以检查和发现系统在设计、设备性能及施工质量等方面存在的问题。

19. 通风空调系统在调试前应对( )进行校核。
   A. 测量温度的仪表	B. 测量相对湿度的仪表
   C. 测量风速的仪表	D. 测量风压的仪表
   E. 测量室内含尘浓度的仪表

【答案】ABCDE

【解析】通风空调系统在调试前应对所有仪表进行校核,其精度级别应高于被测对象的级别。常用的测量仪表:测量温度的仪表、测量相对湿度的仪表、测量风速的仪表、测量风压的仪表、测量室内含尘浓度的仪表、其他仪表。

20. 防排烟系统正压送风的检测要求为( )。
   A. 防烟楼梯间为 40~50Pa	B. 前室、合用前室为 25~30Pa
   C. 前室、合用前室为 40~50Pa	D. 消防电梯前室为 25~30Pa
   E. 封闭避难层为 25~30Pa

【答案】ABDE

【解析】防排烟系统正压送风的检测要求:防烟楼梯间为 40~50Pa;前室、合用前室为 25~30Pa;消防电梯前室为 25~30Pa;封闭避难层为 25~30Pa。

第九章 自动喷水灭火消防工程

一、判断题

1. 地上消火栓适用于气温较低的地方,地下消火栓适用于气温较高的地区。

【答案】错误

【解析】地上消火栓适用于气温较高的地方,地下消火栓适用于较寒冷地区。

2. 防排烟系统安装完毕后,必须进行系统调试。系统无生产负荷下的联合试运转及调试应在设备单机试运转合格后进行。

【答案】正确

【解析】防排烟系统安装完毕后,必须进行系统调试。系统无生产负荷下的联合试运转及调试应在设备单机试运转合格后进行。

二、单选题

1. 湿式自动喷水灭火系统的组成不包括（　　）。
   A. 湿式报警阀　　　　　　　　B. 闭式喷头
   C. 管网　　　　　　　　　　　D. 充气设备

【答案】D

【解析】湿式自动喷水灭火系统由湿式报警阀、闭式喷头和管网组成。

2. 防排烟系统,实际上是特殊情况下,即当火灾发生时启动发生作用的专设（　　）。
   A. 灭火系统　　　　　　　　　B. 输水系统
   C. 通风系统　　　　　　　　　D. 逃生系统

【答案】C

【解析】防排烟系统,实际上是特殊情况下,即当火灾发生时启动发生作用的专设通风系统。

3. 进行系统试压和冲洗时,对不能参与试压的设备、仪表、阀门等附件应（　　）。
   A. 采取加固措施　　　　　　　B. 及时关闭
   C. 保持开启状态　　　　　　　D. 隔离或拆除

【答案】D

【解析】进行系统试压和冲洗时,对不能参与试压的设备、仪表、阀门等附件应加以隔离或拆除。

4. 喷头安装中错误的是（　　）。
   A. 喷头安装应在系统试压、冲洗合格前进行。
   B. 与喷头的连接管件只能用大小头,不得用补芯。
   C. 不得对喷头进行拆装、改动和附加任何装饰性图层。
   D. 喷头安装应使用专用扳手,严禁利用喷头的框架施拧

【答案】A

【解析】喷头安装应在系统试压、冲洗合格后进行。

三、多选题

1. 防排烟系统的组成包括（　　）。
   A. 风机　　　　　　　　　　　B. 管道
   C. 阀门　　　　　　　　　　　D. 送风口
   E. 排烟口

【答案】ABCDE

【解析】防排烟系统由风机、管道、阀门、送风口、排烟口以及风机、阀门与送风口或排烟口的联动装置等，其中风机是主要设备，其余称为附属设备或附件。

2. 闭式洒水喷头根据其洒水形状及使用方法可分为（　　）。
   A. 水平型　　　　　　　　　　B. 普通型
   C. 下垂型　　　　　　　　　　D. 直立型
   E. 边墙型

【答案】BCDE

【解析】闭式洒水喷头根据其洒水形状及使用方法可分为普通型、下垂型、直立型和边墙型四种类型。

第十章 建筑智能化工程

一、判断题

1. 综合布线中光纤应抽样测试。

【答案】错误

【解析】综合布线中光纤应全部测试。

二、单选题

1. 智能化工程的实施要从（　　）开始。
   A. 方案设计　　　　　　　　　　B. 采购设备、器材
   C. 调查用户的需求　　　　　　　D. 遴选招标文件

【答案】C

【解析】智能化工程的实施要从用户的需求调查开始，才能把建筑群或单个建筑物的智能化工程构思完整而符合工程设计的初衷，这一点是与其他工程的实施或施工有较大的差异。

2. 火灾报警及消防联动系统要由（　　）验收确认。
   A. 公安监管机构　　　　　　　　B. 用户
   C. 供应商　　　　　　　　　　　D. 消防监管机构

【答案】D

【解析】火灾报警及消防联动系统要由消防监管机构验收确认。

3. 进场的设备、器件和材料进行验收时检查的重点不包括（　　）。
   A. 安全性　　　　　　　　　　　B. 可靠性
   C. 实用性　　　　　　　　　　　D. 电磁兼容性

【答案】C

【解析】进场的设备、器件和材料进行验收，符合工程设计要求。检查的重点是安全性、可靠性和电磁兼容性等项目。

4. 建筑智能化工程的综合布线系统所选用的线缆、连接硬件、跳接等类别（　　）。
   A. 必须一致　　　　　　　　　　B. 应尽量保持一致
   C. 可以不一致　　　　　　　　　D. 选最好等级

【答案】A

【解析】综合布线系统选用的线缆、连接件、跳接等类别要匹配一致。

5. 综合布线中光纤应（　　）。
   A. 抽10%测试　　　　　　　　　B. 抽30%测试
   C. 抽50%测试　　　　　　　　　D. 全部测试

【答案】D

【解析】综合布线中光纤应全部测试。

三、多选题

1. 火灾自动报警及消防联动系统由（　　）组成。
   A. 火灾探测器　　　　　　　　B. 输入模块
   C. 报警控制器　　　　　　　　D. 联动控制器
   E. 控制模块

   【答案】ABCDE

   【解析】火灾自动报警及消防联动系统由火灾探测器、输入模块、报警控制器、联动控制器、控制模块等组成。

2. 以下对建筑智能化工程描述正确的是（　　）。
   A. 以微电流、微电压的传输为主
   B. 仅在电源盒执行器的线路使用220V电压或气动、液动的管路
   C. 自动化程度高
   D. 以计算机、网络为核心的通信和控制系统
   E. 元器件与线路均有一一对应关系

   【答案】ABCDE

   【解析】建筑智能化工程是以计算机、网络为核心的通信和控制系统，自动化程度高，元器件与线路均有一一对应关系，以微电流、微电压的传输为主，仅在电源盒执行器的线路使用220V电压或气动、液动的管路。因而其构图与其他建筑设备安装工程的施工图有区别。

3. 智能化工程的验收步骤正确的是（　　）。
   A. 先分项、分部验收　　　　　B. 先产品、后系统
   C. 先各系统、后系统集成　　　D. 先主体、后分项
   E. 先质量、后性能

   【答案】BC

   【解析】智能化工程的验收步骤：先产品、后系统；先各系统、后系统集成。

第十一章 力学基本知识

一、判断题

1. 力是物体之间相互的机械作用，这种作用使物体的状态发生改变。

【答案】错误

【解析】力是物体之间相互的机械作用，这种作用是物体的运动状态发生改变。

2. 力的概念是力学中最基本的概念之一。

【答案】正确

【解析】力的概念是力学中最基本的概念之一。

3. 静力学中所指的平衡，是指物体相对于地面保持静止的运动。

【答案】错误

【解析】静力学中所指的平衡，是指物体相对于地面保持静止或做匀速直线运动。

4. 转动物体的平衡条件为：作用在该物体上的各力对物体上任一点力矩的代数和为零。

【答案】正确

【解析】转动物体的平衡条件为：作用在该物体上的各力对物体上任一点力矩的代数和为零。

5. 若将作用于物体上一个力，平移到物体上的任意一点而不改变原力对物体的作用效果，则必须附加一个力偶，其力偶矩等于原力对该点的矩。

【答案】正确

【解析】若将作用于物体上一个力，平移到物体上的任意一点而不改变原力对物体的作用效果，则必须附加一个力偶，其力偶矩等于原力对该点的矩。

6. 由两个大小相等，方向相反的平行力组成的力系称为力偶。

【答案】正确

【解析】由两个大小相等，方向相反的平行力组成的力系称为力偶。

7. 物体在外力作用下产生的变形有：弹性变形、塑性变形（残余变形）。

【答案】正确

【解析】物体在外力作用下产生的变形有：弹性变形、塑性变形（残余变形）。

8. 材料相同、横截面面积不同的两个直杆，在所受轴向拉力相等时，截面积大的容易断裂。

【答案】错误

【解析】材料相同、横截面面积不同的两个直杆，在所受轴向拉力相等时，截面积小的容易断裂。

9. 流体的黏性用动力黏滞系数或动力黏度（简称黏度）来确定，其单位是帕·秒。

【答案】正确

【解析】流体的黏性用动力黏滞系数或动力黏度（简称黏度）来确定，其单位是帕·秒。

10. 密度与比容互为倒数。

【答案】正确

【解析】密度与比容互为倒数。

11. 液体和气体在任何微小剪力的作用下都将发生连续不断的变形,直至剪力消失,这一特性是液体和气体有别于固体的特征,称为流动性。

【答案】正确

【解析】液体和气体在任何微小剪力的作用下都将发生连续不断的变形,直至剪力消失,这一特性是液体和气体有别于固体的特征,称为流动性。

12. 温度对流体的黏滞系数影响很大,温度升高时,液体的黏滞系数降低,流动性增加。

【答案】正确

【解析】温度对流体的黏滞系数影响很大,温度升高时,液体的黏滞系数降低,流动性增加。

13. 作用在流体上的力,按作用方式的不同,可以分为表面力和质量力。

【答案】正确

【解析】作用在流体上的力,按作用方式的不同,可以分为表面力和质量力。

14. 流体在静止状态下不存在黏滞力,只存在压应力。

【答案】正确

【解析】流体在静止状态下不存在黏滞力,只存在压应力,简称压强。

15. 液体压强具有两个重要特性:1) 流体静压强的方向与作用面垂直,并指向作用面;2) 静止流体中的任何一点压强,在各个面上不一定都是相等的。

【答案】错误

【解析】第二条中,静止流体中的任何一点压强,在各个面上都是相等的。

16. 液体内部的压强随着液体深度的增加而减小。

【答案】错误

【解析】液体内部的压强随着液体深度的增加而增大。

17. 由于流体具有黏滞性,所以在同一过流断面上的流速是均匀的。

【答案】错误

【解析】由于流体具有黏滞性,所以在同一过流断面上的流速是不均匀的。

18. 流体中,紧贴管壁的流体质点,其流速接近零,在管道中央的流体质点的流速最大。

【答案】正确

【解析】流体具有黏滞性,所以在同一过流断面上的流速是不均匀的,紧贴管壁的流体质点,其流速接近零,在管道中央的流体质点的流速最大。

19. "流线"表示不同时刻的许多质点的流动方向。

【答案】错误

【解析】"流线"表示同一时刻的许多质点的流动方向。

二、单选题

1. 下列关于力偶、力矩说法正确的是（　　）。
   A. 力对物体的转动效果，要用力偶来度量
   B. 由两个大小相等，方向相反的平行力组成的力系称为力偶
   C. 力矩的正负规定：力使物体绕矩心逆时针转动时取负，反之取正
   D. 凡能绕某一固定点转动的物体，称为杠杆

【答案】B

【解析】力对物体的转动效果，要用力矩来度量；力矩的正负规定：力使物体绕矩心逆时针转动时取正，反之取负；凡是在力的作用下，能够绕某一固定点（支点）转动的物体，称为杠杆。

2. 力偶中力的大小与力偶臂的乘积称为（　　）。
   A. 力偶   B. 力矩
   C. 力偶矩   D. 力

【答案】C

【解析】力偶中力的大小与力偶臂的乘积称为力偶矩。

3. 力偶是大小（　　），方向（　　）组成的力系。
   A. 相等，相同   B. 相等，相反
   C. 不相等，相同   D. 不相等，相反

【答案】B

【解析】由两个大小相等，方向相反的平行力组成的力系称为力偶。

4. 转动物体的平衡条件为：作用在该物体上的各力对物体上任一点力矩的代数和为（　　）。
   A. 1   B. 0
   C. 不确定   D. 无穷大

【答案】B

【解析】转动物体的平衡条件为：作用在该物体上的各力对物体上任一点力矩的代数和为零。

5. 杆件受平面弯曲的刚度条件（　　）。
   A. $y_{max} \leq [y]$　$\theta_{max} \leq [\theta]$
   B. $y_{max} \geq [y]$　$\theta_{max} \leq [\theta]$
   C. $y_{max} \leq [y]$　$\theta_{max} \geq [\theta]$
   D. $y_{max} \geq [y]$　$\theta_{max} \geq [\theta]$

【答案】A

【解析】$y_{max} \leq [y]$　$\theta_{max} \leq [\theta]$。

6. 蠕变现象造成材料的（　　）变形，可以看做是材料在（　　）的屈服。
   A. 塑性，快速   B. 脆性，快速
   C. 塑性，缓慢   D. 脆性，缓慢

【答案】C

【解析】蠕变现象造成材料的塑性变形，可以看做是材料在缓慢的屈服。

7. 强度极限值出现在（　　）阶段中。

A. 弹性阶段 B. 屈服阶段
C. 强化阶段 D. 颈缩阶段

【答案】C

【解析】在强化阶段中，出现强度极限，强度极限是材料抵抗断裂的最大应力。

8. 轴力背离截面为（ ）；轴力指向截面为（ ）。
   A. 正，负 B. 正，不确定
   C. 负，正 D. 负，不确定

【答案】A

【解析】轴力背离截面为正，轴力指向截面为负。

9. 1Pa = （ ）。
   A. $1N/m^2$ B. $1N/m$
   C. $1N/cm^2$ D. $1N/cm$

【答案】A

【解析】$1Pa = N/m^2$。

10. 液体和气体在任何微小剪力的作用下都将发生连续不断的变形，直至剪力消失，这一特性有别于固体的特征，称为（ ）。
    A. 流动性 B. 黏性
    C. 变形 D. 压缩

【答案】A

【解析】液体和气体在任何微小剪力的作用下都将发生连续不断的变形，直至剪力消失，这一特性有别于固体的特征，称为流动性。

11. 温度对流体的黏滞系数影响很大，温度升高时，液体的黏滞系数（ ），流动性（ ）。
    A. 降低，降低 B. 降低，增加
    C. 增加，降低 D. 增加，增加

【答案】B

【解析】温度对流体的黏滞系数影响很大，温度升高时，液体的黏滞系数降低，流动性增加。

12. 密度与比容是（ ）关系。
    A. 正比 B. 互为倒数
    C. 没有 D. 不能确定

【答案】B

【解析】密度与比容互为倒数。

13. 用（ ）来描述水流运动，其流动状态更为清晰、直观。
    A. 流线 B. 流速
    C. 流量 D. 迹线

【答案】A

【解析】流线是通过研究流体运动在其各空间位置点上质点运动要素的分布与变化情况的描绘流体运动的方法，用此方法描绘，其流动状态更为清晰、直观。

14. 流体运动时，流线彼此不平行或急剧弯曲，称为（　　）。
   A. 渐变流　　　　　　　　　　　　　B. 急变流
   C. 有压流　　　　　　　　　　　　　D. 无压流

【答案】B

【解析】流体运动时，流线彼此不平行或急剧弯曲，称为急变流。

15. 由于流体具有黏滞性，所以在同一过流断面上的流速是（　　）。
   A. 均匀的　　　　　　　　　　　　　B. 非均匀的
   C. 不能确定　　　　　　　　　　　　D. 零

【答案】B

【解析】由于流体具有黏滞性，所以在同一过流断面上的流速是不均匀的。

16. 流体中，紧贴管壁的流体质点，其流速接近（　　），在管道中央的流体质点的流速最（　　）。
   A. 零，小　　　　　　　　　　　　　B. 零，大
   C. 最大，小　　　　　　　　　　　　D. 最大，大

【答案】B

【解析】流体具有黏滞性，所以在同一过流断面上的流速是不均匀的，紧贴管壁的流体质点，其流速接近零，在管道中央的流体质点的流速最大。

17. "流线"表示（　　）时刻的（　　）质点的流动方向。
   A. 不同，许多　　　　　　　　　　　B. 不同，单一
   C. 同一，许多　　　　　　　　　　　D. 同一，单一

【答案】C

【解析】"流线"表示同一时刻的许多质点的流动方向。

18. 减压阀的工作原理是使流体通过缩小的过流断面而产生节流，（　　）使流体压力（　　），从而成为所需要的低压流体。
   A. 节流损失，降低　　　　　　　　　B. 节流损失，增长
   C. 节流，降低　　　　　　　　　　　D. 节流，增长

【答案】A

【解析】减压阀的工作原理是使流体通过缩小的过流断面而产生节流，节流损失使流体压力降低，从而成为所需要的低压流体。

19. 流体在断面缩小的地方流速（　　），此处的动能也（　　），在过流断面上会产生压差。
   A. 大，小　　　　　　　　　　　　　B. 大，大
   C. 小，小　　　　　　　　　　　　　D. 小、大

【答案】B

【解析】流体在断面缩小的地方流速大，此处的动能也大，在过流断面上会产生压差。

20. 在管径不变的直管中，沿程能量损失的大小与管线长度成（　　）。
   A. 正比　　　　　　　　　　　　　　B. 反比
   C. 不确定　　　　　　　　　　　　　D. 没有关系

【答案】A

【解析】在管径不变的直管中,沿程能量损失的大小与管线长度成正比。

21. 能量损失和阻力系数的关系是(   )。
A. 正比
B. 反比
C. 函数关系
D. 不确定

【答案】A

【解析】能量损失和阻力系数的关系是正比。

三、多选题

1. 下列说法中正确的有(   )。
A. 力不能脱离物体而单独存在
B. 有力存在,就必定有施力物体和受力物体
C. 力是具有大小和方向的,所以是标量
D. 力常用一条带箭头的线段来表示
E. 力是具有大小和方向的,所以是矢量

【答案】ABDE

【解析】力不能脱离物体而单独存在;有力存在,就必定有施力物体和受力物体;力是具有大小和方向的,所以是矢量;力常用一条带箭头的线段来表示。

2. 力偶的特性(   )。
A. 力偶中的两个力对其作用面内任一点之矩的代数和恒等于其力偶矩
B. 力偶对物体不产生移动效果,不能用一个力来平衡,只能用一力偶来平衡
C. 力偶可以在其作用面任意移动或转动而不改变对物体的作用
D. 力偶无合力
E. 力偶对物体的作用效果应该用力偶中两个力对转动中心的合力矩来度量

【答案】ABCD

【解析】力偶中的两个力对其作用面内任一点之矩的代数和恒等于其力偶矩;力偶对物体不产生移动效果,不能用一个力来平衡,只能用一力偶来平衡;力偶可以在其作用面任意移动或转动而不改变对物体的作用;力偶无合力。

3. 力的三要素包括(   )。
A. 力的大小
B. 力的方向
C. 力的作用点
D. 力的合成
E. 力的平衡状态

【答案】ABC

【解析】力的三要素包括力的大小(即力的强度)、力的方向和力的作用点。

4. 物体之间机械作用的方式有(   )。
A. 物体之间的间接接触发生作用
B. 物体之间的直接接触发生作用
C. 物体之间力的传递发生作用
D. 物体之间力的平衡发生作用
E. 场的形式发生作用

【答案】BE

【解析】物体之间机械作用的有两种：一种是通过物体之间的直接接触发生作用；另一种是通过场的形式发生作用。

5. 静力学所指的平衡，是指（　　）。
   A. 物体相对于地面保持静止
   B. 物体相对于物体本身作匀速直线运动
   C. 物体相对于其他物体作匀速直线运动
   D. 物体相对于地面作匀速直线运动
   E. 物体相对于地面作变加速直线运动

【答案】AD

【解析】静力学中所指的平衡，是指物体相对于地面保持静止或作匀速直线运动。

6. 作用在同一物体上的两个力，要使物体处于平衡的必要和充分条件是（　　）。
   A. 两个力大小相等
   B. 方向相同
   C. 方向相反
   D. 且在同一直线上
   E. 且在两条平行的直线上

【答案】ACD

【解析】作用在同一物体上的两个力，要使物体处于平衡的必要和充分条件是：这两个力的大小相等，方向相反，且在同一直线上。

7. 关于作用力与反作用力叙述正确的是（　　）。
   A. 作用力与反作用力总是同时存在的
   B. 作用力通常大于方反作用力
   C. 两力大小相等
   D. 两力方向相反
   E. 沿着同一直线分别作用在两个相互作用的物体上

【答案】ACDE

【解析】作用力与反作用力总是同时存在，两力的大小相等、方向相反，沿着同一直线分别作用在两个相互作用的物体上。

8. 下列叙述正确的是（　　）。
   A. 作用力与反作用力总是成对出现的
   B. 作用力与反作用力并不总是同时出现
   C. 作用力与反作用力作用于同一物体上
   D. 作用力与反作用力分别作用在两个不同的物体上
   E. 二力平衡中的二力作用于同一物体上

【答案】ADE

【解析】作用力与反作用力总是成对出现的，不应把作用和反作用与二力平衡混淆起来。前者是二力分别作用在两个不同的物体上，而后者是二力作用于同一物体上。

9. 杆件运用截面法求内力的步骤（　　）。
   A. 截开
   B. 替代
   C. 平衡
   D. 规定

E. 计算

【答案】ABC

【解析】杆件运用截面法求内力的步骤是：截开；替代；平衡。

10. 应变随应力变化的几个阶段有（　　）。
    A. 弹性阶段
    B. 屈服阶段
    C. 强化阶段
    D. 颈缩阶段
    E. 破坏阶段

【答案】ABCD

【解析】应变随应力变化的四个阶段是：弹性阶段；屈服阶段；强化阶段；颈缩阶段。

11. 关于杆件变形的基本形式叙述正确的是（　　）。
    A. 物体在外力作用下产生的变形包括弹性变形和塑性变形
    B. 弹性变形是指卸去外力后能完全消失的变形
    C. 弹性变形是指卸去外力后不能消失而保留下来的变形
    D. 塑性变形是指卸去外力后能完全消失的变形
    E. 塑性变形是指卸去外力后不能消失而保留下来的变形

【答案】ABE

【解析】物体在外力作用下产生的变形有两种：弹性变形和塑性变形，弹性变形是指卸去外力后能完全消失的变形，塑性变形是指卸去外力后不能消失而保留下来的变形。

12. 关于蠕变叙述错误的是（　　）。
    A. 蠕变现象造成材料的弹性变形
    B. 蠕变现象可以看作是材料在缓慢的屈服
    C. 温度愈高，蠕变愈严重
    D. 时间愈短，蠕变愈严重
    E. 应力愈大，蠕变愈严重

【答案】AD

【解析】蠕变现象造成材料的塑性变形，可以看作是材料在缓慢的屈服。温度愈高、应力愈大、时间愈长，蠕变愈严重。

13. 提高压杆稳定性的措施（　　）。
    A. 合理选择材料
    B. 采用合理的截面形状
    C. 保证材料的刚度
    D. 减小压杆长度
    E. 改善支撑情况

【答案】ABDE

【解析】提高压杆稳定性的措施：合理选择材料，采用合理的截面形状，减小压杆长度和，改善支撑情况。

14. 作用在流体上的力，按作用方式的不同，可分为（　　）。
    A. 层间力
    B. 温度应力
    C. 剪切应力
    D. 表面力
    E. 质量力

【答案】DE

【解析】作用在流体上的力，按作用方式的不同，可分为下述两类，即表面力和质量力。

15. 下列关于流体的特征正确的是（　　）。
    A. 液体和气体状态的物质统称为流体
    B. 液体在任何情况下都不可以承受拉力
    C. 气体可以承受剪力
    D. 只有在特殊情况下液体可以承受微小拉力
    E. 液体在任何微小剪力的作用下都将发生连续不断的变形

【答案】ADE

【解析】物质通常有三种不同的状态，即固体、液体和气体，液体和气体状态的物质统称为流体。气体既无一定的形状也无一定的体积，它们可以承受压力，但不能承受拉力和剪力，只有在特殊情况下液体可以承受微小拉力（表面张力）。液体和气体在任何微小剪力的作用下都将发生连续不断的变形，直至剪力消失。

16. 关于表压力叙述正确的是（　　）。
    A. 从压力表上读得的压力值称为表压力，简称表压或称相对压强
    B. 表压或相对压强，用 P_0 表示
    C. 表压是以大气压强 P_a 作为零点起算的压强值
    D. 压力表上的读数不是管道或设备内流体的真实压强
    E. 压力表上的读数是管道或设备内流体真实压强与管道或设备外的大气压强之和

【答案】ACD

【解析】从压力表上读得的压力值称为表压力，简称表压或称相对压强，用 P_x 表示。它是以大气压强 P_a 作为零点起算的压强值。在管道或设备上装了压力表，压力表上的读数不是管道或设备内流体的真实压强，而是管道或设备内流体真实压强与管道或设备外的大气压强之差。

17. 按运动要素与时间的关系分类，流体运动可以分为（　　）。
    A. 稳定流　　　　　　　　　B. 急变流
    C. 渐变流　　　　　　　　　D. 非稳定流
    E. 均匀流

【答案】AD

【解析】按流体运动要素与时间的关系分类，可以分为稳定流和非稳定流。

18. 推导稳定流连续方程式时，下列说法正确的有（　　）。
    A. 流体流动是稳定流
    B. 流体是不可压缩的
    C. 流体是连续介质
    D. 流体不能从流段的侧面流入或流出
    E. 流体运动时，流线彼此平行或急剧弯曲，称急变流

【答案】ABCD

【解析】推导稳定流连续方程式时，需注意流体流动是稳定流、流体是不可压缩的、流体是连续介质、流体不能从流段的侧面流入或流出。

19. 以下是流线的特征的是（　　）。
A. 在流线上所有各质点在同一时刻的流速方向均与流线相切，并指向流动的方向
B. 流线是一条光滑的曲线
C. 流线是一条折线
D. 在同一瞬间内，流线一般不能彼此相交
E. 在同一瞬间内，流线可以彼此相交

【答案】ABD

【解析】流线的特征：在流线上所有各质点在同一时刻的流速方向均与流线相切，并指向流动的方向；流线是一条光滑的曲线而不可能是折线；在同一瞬间内，流线一般不能彼此相交。

20. 按流体运动对接触周界情况对流体运动进行分类包括（　　）。
A. 有压流　　　　　　　　　　B. 非稳定流
C. 稳定流　　　　　　　　　　D. 无压流
E. 射流

【答案】ADE

【解析】按流体运动对接触周界情况分类：有压流、无压流、射流。

21. 流体阻力及能量损失分为（　　）几种形式。
A. 沿程阻力和沿程能量损失　　　B. 局部阻力和局部能量损失
C. 沿程水头损失　　　　　　　　D. 总水头损失
E. 沿程水头损失

【答案】AB

【解析】流体阻力及能量损失分为两种形式：沿程阻力和沿程能量损失和局部阻力和局部能量损失。

第十二章　电工学基础

一、判断题

1. 电路的作用是实现电能的传输和转换。

【答案】正确

【解析】电路的作用是实现电能的传输和转换。

2. 凡电路中的电流，电压的大小和方向不随时间的变化而变化的称稳恒电流，简称直流。

【答案】正确

【解析】凡电路中的电流，电压的大小和方向不随时间的变化而变化的称稳恒电流，简称直流。

3. 通路可分为轻载、满载和超载，其中轻载是最佳工作状态。

【答案】错误

【解析】在三种状态中，满载时最佳工作状态。

4. 在发生短路时，电路中电流比正常工作时大得多，可能烧坏电源和电路中的设备。

【答案】正确

【解析】在发生短路时，电路中电流比正常工作时大得多，可能烧坏电源和电路中的设备。

5. 大小随时间作周期性变化的电压和电流称为周期性交流电，简称交流电。

【答案】错误

【解析】大小和方向随时间作周期性变化的电压和电流称为周期性交流电，简称交流电。

6. 周期和频率都是反映正弦交流电变化快慢的物理量。

【答案】正确

【解析】周期和频率都是反映正弦交流电变化快慢的物理量。

7. 为了方便计算正弦交流电作的功，引入有效值。

【答案】正确

【解析】为了方便计算正弦交流电作的功，引入有效值这个量值。

8. 在正弦交流电中，周期越长，频率越低，交流电变化越慢。

【答案】正确

【解析】在正弦交流电中，周期越长，频率越低，交流电变化越慢。

9. 三相电动势一般是由三相交流发电机产生，三相交流发电机中三个绕组在空间位置上彼此相隔120°。

【答案】正确

【解析】三相电动势一般是由三相交流发电机产生，三相交流发电机中三个绕组在空间位置上彼此相隔120°。

10. 三相交流电出现相应零值的顺序称为相序。

【答案】正确

【解析】三相交流电出现相应零值（或正幅值）的顺序称为相序。

11. 三相电源绕组的连接方式有星形连接和三角形连接。

【答案】正确

【解析】三相电源绕组的连接方式有星形连接和三角形连接。

12. 在三相电源绕组的星形连接中，没有引出中线的称为三相四线制，引出中线的称三相三线制。

【答案】错误

【解析】在三相电源绕组的星形连接中，没有引出中线的称为三相三线制，引出中线的称三相四线制。

13. 将PN结加上相应的电极引线和管壳就称为二极管。按结构分为有点接触型、面接触型和平面接触型三类。

【答案】正确

【解析】将PN结加上相应的电极引线和管壳就称为二极管。按结构分为有点接触型、面接触型和平面接触型三类。

14. 开启电压的大小和材料、环境温度有关。

【答案】正确

【解析】开启电压的大小和材料、环境温度有关。

15. 最大整流电流是指二极管长时间使用时，允许流过二极管的最大正向平均电流。

【答案】正确

【解析】最大整流电流是指二极管长时间使用时，允许流过二极管的最大正向平均电流。

16. 三极晶体管的结构，目前常用的有平面型和合金型两类。不论平面型或合金型都分成NPN或PNP三层，因此又把晶体三极管分为NPN和PNP两种类型。

【答案】正确

【解析】三极晶体管的结构，目前常用的有平面型和合金型两类。不论平面型或合金型都分成NPN或PNP三层，因此又把晶体三极管分为NPN和PNP两种类型。

17. 变压器主要由铁芯和套在铁芯上的两个或多个绕组所组成，当原边绕组多于副边绕组的线圈数时为升压器，反之为降压器。

【答案】错误

【解析】变压器主要由铁芯和套在铁芯上的两个或多个绕组所组成，当原边绕组多余副边绕组的线圈数时为降压器，反之为升压器。

18. 变压器的工作原理是：原边绕组从电源吸取电功率，借助磁场为媒介，根据电磁感应原理传递到副边绕组，然后再将电功率传送到负载。

【答案】正确

【解析】变压器的工作原理是：原边绕组从电源吸取电功率，借助磁场为媒介，根据电磁感应原理传递到副边绕组，然后再将电功率传送到负载。

19. 为了保证绕组有可靠的绝缘性能，所以变压器的绕组绝缘保护有浸渍式、包封绕组式和气体绝缘式。

【答案】正确

【解析】为了保证绕组有可靠的绝缘性能，所以变压器的绕组绝缘保护有浸渍式、包封绕组式、气体绝缘式三种形式。

20. 房屋建筑安装工程中采用的变压器有：油浸式电力变压器、干式变压器。

【答案】正确

【解析】房屋建筑安装工程中采用的变压器有：油浸式电力变压器、干式变压器。

21. 电动机的静止部分称定子，由定子铁芯、定子绕组、机座和端盖等做成。

【答案】正确

【解析】电动机的静止部分称定子，由定子铁芯、定子绕组、机座和端盖等做成。

二、单选题

1. 电路的作用是实现电能的（　　）。
   A. 传输　　　　　　　　　　　　B. 转换
   C. 传输和转换　　　　　　　　　D. 不确定

【答案】C

【解析】电路的作用是实现电能的传输和转换。

2. 凡电路中的电流，电压的大小和方向随时间而（　　）的称稳恒电流，简称直流。
   A. 大小变，方向不变　　　　　　B. 大小不变，方向变
   C. 大小方向都不变　　　　　　　D. 大小方向都变

【答案】C

【解析】凡电路中的电流，电压的大小和方向不随时间的变化而变化的称稳恒电流，简称直流。

3. 通路可以分为（　　）。
   A. 轻载、满载、超载　　　　　　B. 轻载、满载
   C. 轻载、超载　　　　　　　　　D. 满载、超载

【答案】A

【解析】通路可以分为轻载、满载和超载。

4. 在发生（　　）时，电路中电流很大，可能烧坏电源和电路中的设备。
   A. 短路　　　　　　　　　　　　B. 满载
   C. 通路　　　　　　　　　　　　D. 开路

【答案】A

【解析】在发生短路时，电路中电流很大，可能烧坏电源和电路中的设备。

5. 短路时电源（　　）负载，由导线构成（　　）。
   A. 连接，通路　　　　　　　　　B. 未连接，通路
   C. 连接，断路　　　　　　　　　D. 未连接，断路

【答案】B

【解析】短路时电源为未经负载直接由导线构成通路。

6. 体现磁场能量的二端元件是（　　）。

A. 电容元件 B. 电阻元件
C. 电感元件 D. 电磁感应器

【答案】C

【解析】电感元件是体现磁场能量的二端元件。

7. 基尔霍夫第一定律：电路中任意一个节点的电流的代数和恒等于（　　）。
A. 0 B. 1
C. 无穷大 D. 不确定

【答案】A

【解析】基尔霍夫第一定律：电路中任意一个节点的电流的代数和恒等于零。

8. 基尔霍夫第二定律：对于电路中任一回路，沿回路绕行方向的各段电压代数和等于（　　）。
A. 0 B. 1
C. 无穷大 D. 不确定

【答案】A

【解析】基尔霍夫第二定律：对于电路中任一回路，沿回路绕行方向的各段电压代数和等于零。

9. 电阻中流过的电流值与电阻两端的电压值成（　　）。
A. 正比 B. 反比
C. 不确定 D. 没有关系

【答案】A

【解析】根据 $I = \dfrac{U}{R}$，电阻中流过的电流值与电阻两端的电压值成正比。

10. 电容元件可视为（　　），也就是电容具有隔（　　）的作用。
A. 开路，交流 B. 通路，交流
C. 开路，直流 D. 通路，直流

【答案】C

【解析】电容元件可视为开路，也就是电容具有隔直流的作用。

11. 为了方便计算正弦交流电作的功，引入（　　）量值。
A. 实验值 B. 测量值
C. 计算值 D. 有效值

【答案】D

【解析】为了方便计算正弦交流电作的功，引入有效值量值。

12. 在正弦交流电中，周期越长，频率越（　　），交流电变化越（　　）。
A. 低，慢 B. 低，快
C. 高，慢 D. 高，快

【答案】A

【解析】在正弦交流电中，周期越长，频率越低，交流电变化越慢。

13. （　　）和（　　）随时间作周期性变化的（　　）称为周期性交流电，简称交流电。

A. 大小，方向，电压和电流　　　　　　B. 大小，方向，电压
C. 大小，方向，电流　　　　　　　　　D. 正负，方向，电压和电流

【答案】A

【解析】大小和方向随时间作周期性变化的电压和电流称为周期性交流电，简称交流电。

14. （　　）每秒所变化的（　　）称为角频率。
A. 交流电，角度　　　　　　　　　　B. 直流电，角度
C. 交流电，次数　　　　　　　　　　D. 直流电，次数

【答案】A

【解析】交流电每秒所变化的角度称角频率。

15. 负载为电感元件时，电流的频率越高，感抗越（　　）。
A. 大　　　　　　　　　　　　　　　B. 小
C. 不变　　　　　　　　　　　　　　D. 不确定

【答案】A

【解析】在负载为电感元件时，当电流的频率越高，感抗越大。

16. 在交流电中，当电流的频率越高，感抗越（　　），对电流的阻碍作用也越（　　），所以高频电流不易通过电感元件。
A. 大，强　　　　　　　　　　　　　B. 大，弱
C. 小，强　　　　　　　　　　　　　D. 小，弱

【答案】A

【解析】在交流电中，当电流的频率越高，感抗越大，对电流的阻碍作用也越强，所以高频电流不易通过电感元件。

17. 在交流电路中，一个周期内，平均功率（　　），瞬时功率（　　）。
A. 0，正　　　　　　　　　　　　　　B. 0，负
C. 0，时正时负　　　　　　　　　　　D. 不确定，时正时负

【答案】C

【解析】在交流电路中，一个周期内，平均功率为0，瞬时功率不恒为0，时正时负。

18. 为了反映交换规模的大小，把（　　）的最（　　）值称为无功功率。
A. 瞬时功率，大　　　　　　　　　　B. 瞬时功率，小
C. 平均功率，大　　　　　　　　　　D. 平均功率，小

【答案】A

【解析】为了反映交换规模的大小，把瞬时功率的最大值称为无功功率。

19. 能代表电源所能提供的容量的是（　　）。
A. 有功功率　　　　　　　　　　　　B. 无功功率
C. 视在功率　　　　　　　　　　　　D. 平均功率

【答案】C

【解析】视在功率能代表电源所能提供的容量。

20. 当（　　）时总电压超前电流，称为（　　）电路。
A. $X_L < X_C$，感性　　　　　　　　　B. $X_L < X_C$，容性

C. $X_L > X_C$，感性　　　　　　　　　　D. $X_L > X_C$，容性

【答案】C

【解析】当 $X_L > X_C$ 总电压超前电流，称为感性电路。

21. 当（　　）时，总电压滞后电流，称为（　　）电路。
A. $X_L > X_C$，感性　　　　　　　　　　B. $X_L > X_C$，容性
C. $X_L < X_C$，感性　　　　　　　　　　D. $X_L < X_C$，容性

【答案】D

【解析】$X_L < X_C$ 时，总电压滞后电流，称为容性电路。

22. RC 振荡器属于电阻和（　　）的（　　）电路。
A. 电容，并联　　　　　　　　　　　　B. 电容，串联
C. 电感，并联　　　　　　　　　　　　D. 电感，串联

【答案】B

【解析】RC 振荡器属于电阻和电容串联电路。

23. 三相电动势一般是由三相交流发电机产生，三相交流发电机中三个绕组在空间位置上彼此相隔（　　）°。
A. 30　　　　　　　　　　　　　　　　B. 60
C. 120　　　　　　　　　　　　　　　 D. 180

【答案】C

【解析】三相电动势一般是由三相交流发电机产生，三相交流发电机中三个绕组在空间位置上彼此相隔120°。

24. 三相交流电出现相应零值的顺序称为（　　）。
A. 相序　　　　　　　　　　　　　　　B. 倒序
C. 插序　　　　　　　　　　　　　　　D. 不确定

【答案】A

【解析】三相交流电出现相应零值（或正幅值）的顺序称为相序。

25. 在工程上 U、V、W 三根相线分别用（　　）颜色来区别。
A. 黄、绿、红　　　　　　　　　　　　B. 黄、红、绿
C. 绿、黄、红　　　　　　　　　　　　D. 绿、红、黄

【答案】A

【解析】在工程上 U、V、W 三根相线分别用黄、绿、红颜色来区别。

26. 若三相电动势为对称三相正弦电动势，则三角形闭合回路的电动势为（　　）。
A. 无穷大　　　　　　　　　　　　　　B. 零
C. 不能确定　　　　　　　　　　　　　D. 可能为零

【答案】B

【解析】若三相电动势为对称三相正弦电动势，则三角形闭合回路的电动势等于零。

27. 三相电源绕组的连接方式有（　　）。
A. 星形连接　　　　　　　　　　　　　B. 三角形连接
C. 星形连接和三角形连接　　　　　　　D. Y形连接

【答案】C

【解析】三相电源绕组的连接方式有星形连接和三角形连接。

28. 在三相电源绕组的星形连接中,没有引出中线的称为( )。
A. 三相三线制　　　　　　　　　B. 三相四线制
C. 三相五线制　　　　　　　　　D. 不能确定

【答案】A

【解析】在三相电源绕组的星形连接中,没有引出中线的称为三相三线制。

29. 在三相电源绕组的星形连接中,有引出中线的称( )。
A. 三相三线制　　　　　　　　　B. 三相四线制
C. 三相五线制　　　　　　　　　D. 不能确定

【答案】B

【解析】在三相电源绕组的星形连接中,没有引出中线的称为三相四线制。

30. 开启电压的大小和( )有关。
A. 材料　　　　　　　　　　　　B. 环境温度
C. 环境湿度　　　　　　　　　　D. 材料和环境温度

【答案】D

【解析】开启电压的大小和材料、环境温度有关。

31. 在饱和区内,当( )时候,集电结处于正向偏置,晶体管处于饱和状态。
A. $U_{CE} < U_{BE}$　　　　　　　B. $U_{CE} > U_{BE}$
C. $U_{CE} = U_{BE}$　　　　　　　D. $U_{CE} \geq U_{BE}$

【答案】A

【解析】在饱和区内,当 $U_{CE} < U_{BE}$ 时候,集电结处于正向偏置,晶体管处于饱和状态。

32. 三极晶体管的特性曲线是用来表示该晶体管各极( )之间相互关系的,它反映晶体管的性能,是分析放大电路的重要依据。
A. 电压和电流　　　　　　　　　B. 电压和电阻
C. 电流和电阻　　　　　　　　　D. 电压和电感

【答案】A

【解析】三极晶体管的特性曲线是用来表示该晶体管各极电压和电流之间相互关系的,它反映晶体管的性能,是分析放大电路的重要依据。

33. 三极晶体管的结构,目前常用的有( )种类型。
A. 1　　　　　　　　　　　　　B. 2
C. 3　　　　　　　　　　　　　D. 4

【答案】B

【解析】三极晶体管的结构,目前常用的有平面型和合金型两类。不论平面型或合金型都分成 NPN 或 PNP 三层,因此又把晶体三极管分为 NPN 和 PNP 两种类型。

34. 转子绕组按其结构形式可分为( )种。
A. 1　　　　　　　　　　　　　B. 2
C. 3　　　　　　　　　　　　　D. 4

【答案】B

【解析】转子绕组按其结构形式可分为绕线式转子和笼型转子两种。

35. 变压器主要由铁芯和套在铁芯上的（　　）个绕组所组成，当原边绕组多于副边绕组的线圈数时为（　　）。

A. 两个或多个，降压器
B. 两个，降压器
C. 两个或多个，升压器
D. 两个，升压器

【答案】A

【解析】变压器主要由铁芯和套在铁芯上的两个或多个绕组所组成，当原边绕组多于副边绕组的线圈数时为降压器，反之为升压器。

36. 变压器的工作原理是：原边绕组从电源吸取电功率，借助（　　）为媒介，根据感应原理传递到（　　）绕组，然后再将电功率传送到负载。

A. 磁场，副边绕组
B. 磁场，原边绕组
C. 电场，副边绕组
D. 电场，原边绕组

【答案】A

【解析】变压器的工作原理是：原边绕组从电源吸取电功率，借助磁场为媒介，根据电磁感应原理传递到副边绕组，然后再将电功率传送到负载。

三、多选题

1. 下列说法正确的是（　　）。
A. 电路的作用是实现电能的传输和转换
B. 电源是电路中将其他形式的能转换成电能的设备
C. 负载是将电能转换成其他形式能的装置
D. 电路是提供电流流通的路径
E. 电路不会产生磁场

【答案】ABCD

【解析】电路的结构形式是各种各样的，它的作用是实现电能的传输和转换；电路是由电源，负载和中间环节组成，电源是电路中将其他形式的能转换成电能的设备；负载是将电能转换成其他形式能的装置；凡是用电工部件（元件）的任何方式连接成的总体都称为电路，电路是提供电流流通的路径。

2. 电路的工作状态包括（　　）。
A. 通路
B. 开路
C. 短路
D. 闭路
E. 超载

【答案】ABC

【解析】电路的工作状态：通路、开路、短路。

3. 通路可分为（　　）。
A. 轻载
B. 满载
C. 过载
D. 超载
E. 负载

【答案】ABD

【解析】通路又可分为轻载、满载和超载。

4. 分析与计算电路的基本定律有（　　）。
   A. 欧姆定律　　　　　　　　　B. 基尔霍夫电流定律
   C. 基尔霍夫电压定律　　　　　D. 楞次定律
   E. 牛顿定律

【答案】ABC

【解析】分析与计算电路的基本定律，除欧姆定律外，还有基尔霍夫电流定律和电压定律。

5. 关于基尔霍夫第一定律正确的是（　　）。
   A. 基尔霍夫第一定律也称节点电流定律
   B. 电路中任意一个节点的电流的代数和恒等于零
   C. 基尔霍夫电流定律通常应用于节点
   D. 对于电路中任一回路，沿回路绕行方向的各段电压代数和等于零
   E. 流入流出闭合面的电流的代数和为零

【答案】ABCE

【解析】基尔霍夫第一定律也称节点电流定律，表达为：电路中任意一个节点的电流的代数和恒等于零，基尔霍夫电流定律通常应用于节点，也可以把它推广应用于包围部分电路的任一假设的闭合面。

6. 正弦交流电的三要素（　　）。
   A. 最大值　　　　　　　　　　B. 频率
   C. 初相　　　　　　　　　　　D. 周期
   E. 有效值

【答案】ABC

【解析】最大值、频率和初相是表征正弦交流电的三个物理量，称正弦交流电的三要素。

7. 提高功率因数的基本方法（　　）。
   A. 在感性负载两端并接电容器
   B. 提高用电设备本身功率因数，合理选择和使用电气设备
   C. 使用调相发电机提高整个电网的功率因数
   D. 在感性负载两端串联电容器
   E. 在感性负载两端并联电容器

【答案】ABC

【解析】提高功率因数的基本方法有：在感性负载两端并接电容器；提高用电设备本身功率因数，合理选择和使用电气设备；使用调相发电机提高整个电网的功率因数。

8. 开启电压的大小和（　　）有关。
   A. 材料　　　　　　　　　　　B. 环境温度
   C. 外加电压　　　　　　　　　D. 环境湿度
   E. 负载

【答案】AB

【解析】开启电压的大小与材料及环境温度两者有关。

9. 按结构分，二极管的分类包括（　　）。
   A. 点接触型　　　　　　　　　B. 面接触型
   C. 平面接触型　　　　　　　　D. 线接触型
   E. 曲面接触型

【答案】ABC

【解析】按结构分，二极管有点接触型、面接触型和平面接触型三类。

10. 通常晶体管的输出特性曲线区分为（　　）。
    A. 非饱和区　　　　　　　　　B. 饱和区
    C. 截止区　　　　　　　　　　D. 放大区
    E. 线性区

【答案】BCDE

【解析】通常把晶体管的输出特性曲线区分为三个工作区，就是晶体三极管有三种工作状态，即放大区（线性区）、截止区、饱和区。

11. 房屋建筑安装工程中采用的变压器有（　　）。
    A. 油浸式电力变压器　　　　　B. 干式变压器
    C. 单相变压器　　　　　　　　D. 三相变压器
    E. 开放式变压器

【答案】AB

【解析】房屋建筑安装工程中采用的变压器有：油浸式电力变压器、干式变压器。

12. 为了保证绕组有可靠的绝缘性能，所以变压器的绕组绝缘保护有（　　）形式。
    A. 浸渍式　　　　　　　　　　B. 包封绕组式
    C. 气体绝缘式　　　　　　　　D. 液体绝缘式
    E. 固体绝缘式

【答案】ABC

【解析】为了保证绕组有可靠的绝缘性能，所以变压器的绕组绝缘保护有浸渍式、包封绕组式、气体绝缘式三种形式。

13. 电动机的静止部分称为定子，由（　　）组成。
    A. 定子铁芯　　　　　　　　　B. 定子绕组
    C. 机座　　　　　　　　　　　D. 端盖
    E. 电机

【答案】ABCD

【解析】电动机的静止部分称定子，由定子铁芯、定子绕组、机座和端盖等做成。

14. 干式变压器的绕组绝缘保护形式包括（　　）。
    A. 浸渍式　　　　　　　　　　B. 包封绕组式
    C. 气体绝缘式　　　　　　　　D. 电镀塑料式
    E. 涂漆绝缘式

【答案】ABC

【解析】干式变压器的绕组绝缘保护形式包括：浸渍式、包封绕组式、气体绝缘式。

15. 变压器铭牌的主要内容有（　　）。
A. 型号
B. 额定容量、额定电流、额定电压
C. 阻抗电压、接线组别
D. 线圈温升、油面温升、冷却方式
E. 冷却油油号、油重和总重

【答案】ABCDE

【解析】变压器铭牌的主要内容有：型号、额定容量、额定电流、额定电压、阻抗电压、接线组别、线圈温升、油面温升、冷却方式，有的还标有冷却油油号、油重和总重等数据。

16. 下列关于转子正确的是（　　）。
A. 转子铁芯的作用是组成电动机主磁路的一部分和安放转子绕组
B. 转子是用小于0.5mm厚的冲有转子槽形的硅钢片叠压而成
C. 转子是用小于0.5mm厚相互绝缘的硅钢片叠压而成
D. 转子绕组的作用是感应电动势、流动电流并产生电磁转矩
E. 转子按其结构形式可分为绕线式转子和笼型转子两种

【答案】ABDE

【解析】转子铁芯的作用是组成电动机主磁路的一部分和安放转子绕组，是用小于0.5mm厚的冲有转子槽形的硅钢片叠压而成。转子绕组的作用是感应电动势、流动电流并产生电磁转矩，转子按其结构形式可分为绕线式转子和笼型转子两种。

第十三章　施工测量基本知识

一、判断题

1. 水准仪的正确性和精度决定于带有目镜、物镜的望远镜光轴的水平度。

【答案】正确

【解析】水准仪的正确性和精度决定于带有目镜、物镜的望远镜光轴的水平度。

2. 房屋建筑安装工程中应用水准仪只是为了测量标高。

【答案】错误

【解析】房屋建筑安装工程中应用水准仪主要是为了测量标高和找水平线。

3. 经纬仪能够在三维方向转动。

【答案】正确

【解析】经纬仪能够在三维方向转动。

4. 水准仪的主要使用步骤是安置仪器、初步整平、瞄准水准尺、精确整平、读数、记录、计算。

【答案】正确

【解析】水准仪的主要使用步骤：安置仪器、初步整平、瞄准水准尺、精确整平、读数、记录、计算。

5. 全站仪由光电测距仪、电子经纬仪和数据处理系统组成。

【答案】正确

【解析】全站仪是全站型电子速测仪的简称，其由光电测距仪、电子经纬仪、数据处理系统组成。

6. 室外管沟电缆沟的放线主要用于有特殊要求的转角确定，只要在经纬仪的水平度盘上度数就可确定。

【答案】正确

【解析】室外管沟电缆沟的放线主要用于有特殊要求的转角确定，只要在经纬仪的水平度盘上度数就可确定。

7. 距离的测量法有丈量法和视距法。

【答案】正确

【解析】距离的测量法有丈量法和视距法。

8. 水准仪用于平整场所的视距法测量距离。

【答案】正确

【解析】水准仪用于平整场所的视距法测量距离。

9. 坡度较大场所用经纬仪作视距法测量水平距离。

【答案】正确

【解析】坡度较大场所用经纬仪作视距法测量水平距离。

10. 房屋建筑安装工程中设备基础的中心线放线，通常有单个设备基础放线和多个成排的并列基础放线两种。

【答案】正确

【解析】房屋建筑安装工程中设备基础的中心线放线，通常有单个设备基础放线和多个成排的并列基础放线两种。

二、单选题

1. 水准仪的主要使用步骤：（　　）。
   A. 安置仪器、初步整平、精确整平、瞄准水准尺、读数、记录、计算
   B. 安置仪器、初步整平、瞄准水准尺、精确整平、读数、记录、计算
   C. 安置仪器、精确整平、初步整平、瞄准水准尺、读数、记录、计算
   D. 安置仪器、初步整平、瞄准水准尺、读数、精确整平、记录、计算

【答案】B

【解析】水准仪的主要使用步骤：安置仪器、初步整平、瞄准水准尺、精确整平、读数、记录、计算。

2. 房屋建筑安装工程中应用水准仪主要是为了测量（　　）。
   A. 标高　　　　　　　　　　B. 水平线
   C. 标高和水平线　　　　　　D. 角度

【答案】C

【解析】房屋建筑安装工程中应用水准仪主要是为了测量标高和找水平线。

3. 全站仪由（　　）部分组成。
   A. 1　　　　　　　　　　　B. 2
   C. 3　　　　　　　　　　　D. 4

【答案】C

【解析】全站仪是全站型电子速测仪的简称，其由光电测距仪、电子经纬仪、数据处理系统组成。

4. 坡度较大场所用经纬仪作视距法测量（　　）。
   A. 水平距离　　　　　　　　B. 竖直距离
   C. 高度　　　　　　　　　　D. 角度

【答案】A

【解析】坡度较大场所用经纬仪作视距法测量水平距离。

5. 房屋建筑安装工程中设备基础的中心线放线，通常有（　　）种。
   A. 1　　　　　　　　　　　B. 2
   C. 3　　　　　　　　　　　D. 4

【答案】B

【解析】房屋建筑安装工程中设备基础的中心线放线，通常有单个设备基础放线和多个成排的并列基础放线两种。

三、多选题

1. 全站仪由（　　）组成。

A. 对光螺旋
B. 光电测距仪
C. 电子经纬仪
D. 数据处理系统
E. 照准部管水准器

【答案】BCD

【解析】全站仪是全站型电子速测仪的简称,其由光电测距仪、电子经纬仪、数据处理系统组成。

第十四章 工程预算基本知识

一、判断题

1. 工程造价中最典型的价格形式是固定价格。

【答案】错误

【解析】工程造价中最典型的价格形式是承发包价格。

2. 合同定价是对工程产品供求双方责任和权力以法律形式予以确定的反映。

【答案】正确

【解析】合同定价是对工程产品供求双方责任和权力以法律形式予以确定的反映。

3. 下列属于工程造价特点的有大额性、个别性、动态性和层次性。

【答案】错误

【解析】工程造价特点有大额性、个别性、动态性、层次性和兼容性。

4. 期间结算款包括施工方向建设方提出申请、要求支付的款项和建设方按合同规则核定应该支付并同时应该收回的款项。

【答案】正确

【解析】期间结算款包括施工方向建设方提出申请、要求支付的款项和建设方按合同规则核定应该支付并同时应该收回的款项。

5. 建筑企业是建设工程的实施者和重要的市场主体。

【答案】正确

【解析】建筑企业是建设工程的实施者和重要的市场主体。

6. 产品的个体差别性决定每项工程都必须单独计算造价。

【答案】正确

【解析】产品的个体差别性决定每项工程都必须单独计算造价。

7. 工程造价的计价特征有单件性计价特征、多次性计价特征、组合性特征和方法的多样性特征。

【答案】正确

【解析】工程造价的特点决定了工程造价的计价特征，计价特征有单件性计价特征、多次性计价特征、组合性特征、方法的多样性特征和依据的复杂性特征。

8. 依据的复杂性特征种类繁多，包括计算设备和工程量依据、计算人工、材料、机械等实物消耗量依据、计算工程单价的价格依据和计算其他直接费、现场经费、间接费和工程建设其他费用依据。

【答案】正确

【解析】依据的复杂性特征种类繁多，包括计算设备和工程量依据、计算人工、材料、机械等实物消耗量依据、计算工程单价的价格依据和计算其他直接费、现场经费、间接费和工程建设其他费用依据。

9. 工程造价管理的基本内容就是合理的确定和压缩工程造价。

【答案】 错误

【解析】 工程造价管理的基本内容就是合理的确定和有效的控制工程造价。

10. 采用工料机单价计价时，需方不仅要提供工程图纸，还要确定工程各个子目的内容和数量。

【答案】 错误

【解析】 采用工料机单价计价时，需方往往仅提供工程图纸，由供方确定工程各个子目的内容和数量。

11. 不论采用任何计价办法，计价标准是影响建筑工程产品价格高低的因素。

【答案】 正确

【解析】 不论采用任何计价办法，计价标准是影响建筑工程产品价格高低的因素。

12. 建筑产品不同的计价办法，主要体现在计价单元的价格组成、计价单元的划分、数量的确定和计价标准。

【答案】 正确

【解析】 建筑产品不同的计价办法，主要体现在计价单元的价格组成、计价单元的划分、数量的确定和计价标准。

13. 不同的计价方法都要采用相同的计价依据和标准。

【答案】 错误

【解析】 不同的计价方法可以采用不同的计价依据和标准。

14. 计价定额确定的是一个规则规定的计量单位具体工程子目消耗生产资源的数量。

【答案】 正确

【解析】 计价定额确定的是一个规则规定的计量单位具体工程子目消耗生产资源的数量。

15. 《建设工程工程量清单计价规范》是我国建设工程造价改革一个新的里程碑。

【答案】 正确

【解析】 《建设工程工程量清单计价规范》是我国建设工程造价改革一个新的里程碑。

16. 税金项目清单应该包括的内容有营业税、城市维护建设税。

【答案】 错误

【解析】 税金项目清单应该包括的内容有营业税、城市维护建设税、教育费附加。

17. 综合单价的形成应根据清单工程内容，确定工料机消耗量，选定工料机单价，加上费用后组成。

【答案】 正确

【解析】 综合单价的形成应根据清单工程内容，确定工料机消耗量，选定工料机单价，加上费用后组成。

18. 单层建筑物高度在 2.20m 及以上者应计算半面积。

【答案】 错误

【解析】 单层建筑物高度在 2.20m 及以上者应计算全面积。

19. 单层建筑物的建筑面积，应按其外墙勒脚以上结构外围水平面积计算。

【答案】 正确

【解析】 单层建筑物的建筑面积，应按其外墙勒脚以上结构外围水平面积计算。

20. 利用坡屋顶内空间时，顶板下表面至楼面的净高超过2.10m的部位应计算全面积；净高在1.00~2.10m的部位应计算1/2面积，净高不足1.00m的部位不应计算面积。

【答案】错误

【解析】利用坡屋顶内空间时，顶板下表面至楼面的净高超过2.10m的部位应计算全面积；净高在1.20~2.10m的部位应计算1/2面积，净高不足1.20m的部位不应计算面积。

21. 地下室、半地下室，包括相应的有永久性顶盖的出入口，应按其外墙上口外边线所围水平面积计算。

【答案】正确

【解析】地下室、半地下室，包括相应的有永久性顶盖的出入口，应按其外墙上口外边线所围水平面积计算。

22. 建筑物的门厅不算建筑面积，大厅按一层计算建筑面积。

【答案】错误

【解析】建筑物的门厅、大厅都按一层计算建筑面积。

23. 有围护结构的舞台灯光控制室，应按其围护结构外围水平面积计算。层高在2.20m及以上者应计算全面积；层高不足2.20m的应计算1/2面积。

【答案】正确

【解析】有围护结构的舞台灯光控制室，应按其围护结构外围水平面积计算。层高在2.20m及以上者应计算全面积；层高不足2.20m的应计算1/2面积。

24. 有永久性顶盖无围护结构的场馆看台应按其顶盖水平投影面积的1/2计算。

【答案】正确

【解析】有永久性顶盖无围护结构的场馆看台应按其顶盖水平投影面积的1/2计算。

25. 以幕墙作为围护结构的建筑物，应按幕墙外边线计算建筑面积。

【答案】正确

【解析】以幕墙作为围护结构的建筑物，应按幕墙外边线计算建筑面积。

二、单选题

1. 在工程造价中，工程产品具体生产过程需投入资金计划在（　　）阶段。
   A. 设计概算　　　　　　　　B. 施工图预算
   C. 合同造价　　　　　　　　D. 期间结算

【答案】A

【解析】在工程造价中，工程产品具体生产过程需投入资金计划在设计概算阶段。

2. 在工程造价中，用以衡量、评价、完善工程设计方案的阶段是（　　）。
   A. 设计概算　　　　　　　　B. 施工图预算
   C. 合同造价　　　　　　　　D. 期间结算

【答案】B

【解析】在工程造价中，用以衡量、评价、完善工程设计方案的阶段是施工图预算。

3. （　　）阶段是每个工程交易定价的必要途径。
   A. 设计概算　　　　　　　　B. 施工图预算

C. 合同造价　　　　　　　　　　D. 期间结算

【答案】C

【解析】合同造价阶段是每个工程交易定价的必要途径。

4. 管道支架制作安装以（　　）为计算单位。
   A. kg　　　　　　　　　　　　B. m
   C. 个　　　　　　　　　　　　D. km

【答案】A

【解析】管道支架制作安装以 kg 为计算单位。

5. 管内穿线的工程量，应区别线路性质、导线材质、导线截面，以"（　　）"为计算单位。
   A. 延长米　　　　　　　　　　B. 米
   C. 厘米　　　　　　　　　　　D. 分米

【答案】A

【解析】管内穿线的工程量，应区别线路性质、导线材质、导线截面，以"延长米"为计算单位。

6. 普通灯具安装的工程量，应区别灯具的种类、型号、规格，以"（　　）"为计算单位。
   A. 套　　　　　　　　　　　　B. 个
   C. 盒　　　　　　　　　　　　D. 支

【答案】A

【解析】普通灯具安装的工程量，应区别灯具的种类、型号、规格，以"套"为计算单位。

7. 立体广告灯箱、荧光灯光带的工程量，应根据装饰灯具示意图集所示，以"（　　）"为计算单位。
   A. 延长米　　　　　　　　　　B. 米
   C. 厘米　　　　　　　　　　　D. 分米

【答案】A

【解析】立体广告灯箱、荧光灯光带的工程量，应根据装饰灯具示意图集所示，以"延长米"为计算单位。

8. 卫生器具组成安装以"（　　）"为计算单位。
   A. 组　　　　　　　　　　　　B. 个
   C. 套　　　　　　　　　　　　D. 盒

【答案】A

【解析】卫生器具组成安装以"组"为计算单位。

9. 雨篷结构的外边线至外墙结构外边线的宽度超过（　　）者，应按雨篷结构板的水平投影面积的 1/2 计算。
   A. 1.20m　　　　　　　　　　B. 2.00m
   C. 2.10m　　　　　　　　　　D. 2.20m

【答案】C

【解析】雨篷结构的外边线至外墙结构外边线的宽度超过2.10m者,应按雨篷结构板的水平投影面积的1/2计算。

10. 建筑物的阳台均应按其水平投影面积的（　　）计算。
A. 1　　　　　　　　　　　　B. 1/2
C. 1/3　　　　　　　　　　　D. 1/4

【答案】B

【解析】建筑物的阳台均应按其水平投影面积的1/2计算。

11. 有永久性顶盖的室外楼梯,应按建筑物自然层的水平投影面积的（　　）计算。
A. 1　　　　　　　　　　　　B. 1/2
C. 1/3　　　　　　　　　　　D. 1/4

【答案】B

【解析】有永久性顶盖的室外楼梯,应按建筑物自然层的水平投影面积的1/2计算。

12. 单层建筑物高度在（　　）及以上者应计算全面积。
A. 2.00m　　　　　　　　　　B. 2.10m
C. 2.20m　　　　　　　　　　D. 2.50m

【答案】C

【解析】单层建筑物高度在2.20m及以上者应计算全面积。

13. 单层建筑物的建筑面积,应按其（　　）以上结构外围水平面积计算。
A. 外墙勒脚　　　　　　　　　B. 地面
C. 室外台阶　　　　　　　　　D. 室内地面

【答案】A

【解析】单层建筑物的建筑面积,应按其外墙勒脚以上结构外围水平面积计算。

14. 利用坡屋顶内空间时,顶板下表面至楼面的净高超过（　　）的部位应计算全面积。
A. 2.10m　　　　　　　　　　B. 2.50m
C. 2.00m　　　　　　　　　　D. 2.20m

【答案】A

【解析】利用坡屋顶内空间时,顶板下表面至楼面的净高超过2.10m的部位应计算全面积。

15. 利用坡屋顶内空间时,顶板下表面至楼面的净高在1.00~2.10m的部位应计算（　　）面积,净高不足1.00m的部位不应计算面积。
A. 1/2　　　　　　　　　　　B. 1/3
C. 1/4　　　　　　　　　　　D. 1

【答案】A

【解析】利用坡屋顶内空间时,顶板下表面至楼面的净高超过2.10m的部位应计算全面积;净高在1.20~2.10m的部位应计算1/2面积,净高不足1.20m的部位不应计算面积。

16. 地下室、半地下室,包括相应的有永久性顶盖的出入口,应按其（　　）所围水平面积计算。

A. 外墙上口外边线　　　　　　　　B. 外墙上口内边线
C. 内墙上口外边线　　　　　　　　D. 内墙上口内边线

【答案】A

【解析】地下室、半地下室，包括相应的有永久性顶盖的出入口，应按其外墙上口外边线所围水平面积计算。

17. 建筑物的门厅（　　）建筑面积，大厅按（　　）计算建筑面积。
    A. 计算，一层　　　　　　　　B. 不计算，一层
    C. 计算，地面　　　　　　　　D. 不计算，地面

【答案】A

【解析】建筑物的门厅、大厅都按一层计算建筑面积。

18. 有围护结构的舞台灯光控制室，应按其围护结构外围水平面积计算。层高在（　　）及以上者应计算全面积。
    A. 2.20m　　　　　　　　　　B. 2.10m
    C. 2.00m　　　　　　　　　　D. 2.50m

【答案】A

【解析】有围护结构的舞台灯光控制室，应按其围护结构外围水平面积计算。层高在2.20m及以上者应计算全面积；层高不足2.20m的应计算1/2面积。

19. 有围护结构的舞台灯光控制室，应按其围护结构外围水平面积计算。层高不足2.20m的应计算（　　）面积。
    A. 1/2　　　　　　　　　　　B. 1/3
    C. 1/4　　　　　　　　　　　D. 1

【答案】A

【解析】有围护结构的舞台灯光控制室，应按其围护结构外围水平面积计算。层高在2.20m及以上者应计算全面积；层高不足2.20m的应计算1/2面积。

20. 有永久性顶盖无围护结构的场馆看台应按其顶盖水平投影面积的（　　）。
    A. 1/2　　　　　　　　　　　B. 1/3
    C. 1/4　　　　　　　　　　　D. 1

【答案】A

【解析】有永久性顶盖无围护结构的场馆看台应按其顶盖水平投影面积的1/2。

21. 以幕墙作为围护结构的建筑物，应按（　　）计算建筑面积。
    A. 幕墙外边线　　　　　　　　B. 幕墙内边线
    C. 幕墙内外边线取平均值　　　D. 不确定

【答案】A

【解析】以幕墙作为围护结构的建筑物，应按幕墙外边线计算建筑面积。

22. 建筑物外墙外侧有保温隔热层的，应按（　　）计算建筑面积。
    A. 保温隔热层内边线　　　　　B. 保温隔热层外边线
    C. 保温隔热层内外边线中间部位　D. 不确定

【答案】B

【解析】建筑物外墙外侧有保温隔热层的，应按保温隔热层外边线计算建筑面积。

23. 雨篷结构的外边线至外墙结构外边线的宽度超过2.10m者,应按雨篷结构板的水平投影面积的( )计算。
   A. 1/2　　　　　　　　　　　　　B. 1/3
   C. 1/4　　　　　　　　　　　　　D. 1

【答案】A

【解析】雨篷结构的外边线至外墙结构外边线的宽度超过2.10m者,应按雨篷结构板的水平投影面积的1/2计算。

24. 有永久性顶盖的室外楼梯,应按建筑物自然层的水平投影面积的( )计算。
   A. 1/2　　　　　　　　　　　　　B. 1/3
   C. 1/4　　　　　　　　　　　　　D. 1

【答案】A

【解析】有永久性顶盖的室外楼梯,应按建筑物自然层的水平投影面积的1/2计算。

25. 立体车库上,层高在( )及以上者应计算全面积。
   A. 2.20m　　　　　　　　　　　　B. 2.10m
   C. 2.00m　　　　　　　　　　　　D. 2.50m

【答案】A

【解析】立体车库上,层高在2.20m及以上者应计算全面积,层高不足2.20m的应计算1/2面积。

26. 立体车库上,层高不足2.20m的应计算( )面积。
   A. 1/2　　　　　　　　　　　　　B. 1/3
   C. 1/4　　　　　　　　　　　　　D. 1

【答案】A

【解析】立体车库上,层高在2.20m及以上者应计算全面积,层高不足2.20m的应计算1/2面积。

27. 立体车库上,层高在2.20m及以上者应计算( )。
   A. 全面积　　　　　　　　　　　　B. 1/2面积
   C. 1/3面积　　　　　　　　　　　D. 1/4面积

【答案】A

【解析】立体车库上,层高在2.20m及以上者应计算全面积,层高不足2.20m的应计算1/2面积。

28. 高低联跨的建筑物,应以( )为界分别计算建筑面积。
   A. 高跨结构内边线　　　　　　　　B. 高跨结构外边线
   C. 低跨结构内边线　　　　　　　　D. 低跨结构外边线

【答案】B

【解析】高低联跨的建筑物,应以高跨结构外边线为界分别计算建筑面积。

29. 高低联跨建筑物,其高低跨内部连通时,其变形缝应计算在( )。
   A. 低跨面积内　　　　　　　　　　B. 高跨面积内
   C. 高低联跨中间的位置内部　　　　D. 不确定

【答案】A

【解析】高低联跨建筑物，其高低跨内部连通时，其变形缝应计算在低跨面积内。

30. 自动扶梯（　　）建筑物面积。
   A. 算　　　　　　　　　　　　　B. 不算
   C. 算1/2　　　　　　　　　　　D. 不确定

【答案】B

【解析】自动扶梯不算在建筑物面积。

31. 建筑物内的设备管道夹层（　　）建筑物面积。
   A. 算　　　　　　　　　　　　　B. 不算
   C. 算1/2　　　　　　　　　　　D. 不确定

【答案】B

【解析】建筑物内的设备管道夹层不算建筑物面积。

32. 独立烟囱（　　）建筑物面积。
   A. 算　　　　　　　　　　　　　B. 不算
   C. 算1/2　　　　　　　　　　　D. 不确定

【答案】B

【解析】独立烟囱不算建筑物面积。

33. 建筑物内操作平台（　　）建筑物面积。
   A. 算　　　　　　　　　　　　　B. 不算
   C. 算1/2　　　　　　　　　　　D. 不确定

【答案】B

【解析】建筑物内操作平台不算建筑物面积。

三、多选题

1. 下列属于工程造价特点的有（　　）。
   A. 大额性　　　　　　　　　　　B. 个别性
   C. 动态性　　　　　　　　　　　D. 层次性
   E. 兼容性

【答案】ABCDE

【解析】工程造价特点有大额性、个别性、动态性、层次性和兼容性。

2. 期间结算款包括（　　）。
   A. 施工方向建设方提出申请、要求支付的款项
   B. 建设方按合同规则核定应该支付并同时应该收回的款项
   C. 单项工程造价
   D. 单位工程造价
   E. 建设资金

【答案】AB

【解析】期间结算款包括施工方向建设方提出申请、要求支付的款项和建设方按合同规则核定应该支付并同时应该收回的款项。

3. 工程造价的计价特征有（　　）。

A. 单件性计价特征　　　　　　B. 多次性计价特征
C. 组合性特征　　　　　　　　D. 方法的多样性特征
E. 依据的复杂性

【答案】ABCDE

【解析】工程造价的特点决定了工程造价的计价特征，计价特征有单件性计价特征、多次性计价特征、组合性特征、方法的多样性特征和依据的复杂性特征。

4. 工程造价的依据的复杂性特征种类繁多，包括（　　）。
A. 计算设备和工程量依据
B. 计算人工、材料、机械等实物消耗量依据
C. 计算工程单价的价格依据
D. 计算其他直接费、现场经费、间接费和工程建设其他费用依据
E. 个体差别性

【答案】ABCD

【解析】工程造价的依据的复杂性特征种类繁多，包括计算设备和工程量依据，计算人工、材料、机械等实物消耗量依据，计算工程单价的价格依据和计算其他直接费、现场经费、间接费和工程建设其他费用依据。

5. 有效控制工程造价应体现的几个原则是（　　）。
A. 以设计阶段为重点的建设全过程造价控制
B. 主动控制，以取得令人满意的结果
C. 技术与经济相结合是控制工程造价最有效的手段
D. 以施工阶段为重点的建设全过程造价控制
E. 用技术控制工程造价

【答案】ABC

【解析】有效控制工程造价应体现的几个原则是以设计阶段为重点的建设全过程造价控制；主动控制，以取得令人满意的结果和技术与经济相结合是控制工程造价最有效的手段。

6. 直接工程费包括（　　）。
A. 人工费　　　　　　　　　　B. 二次、搬运费
C. 材料费　　　　　　　　　　D. 施工机械使用费
E. 检验试验费

【答案】ACD

【解析】直接费用包括人工费、材料费和施工机械使用费。

7. 建筑安装工程费包括（　　）。
A. 直接费　　　　　　　　　　B. 间接费
C. 利润　　　　　　　　　　　D. 税金
E. 其他费用

【答案】ABCD

【解析】建筑安装工程费包括直接费、间接费、利润和税金。

8. 社会保证费包括（　　）。

A. 养老保险费 B. 失业保险费
C. 医疗保险费 D. 生育保险费
E. 住房公积金

【答案】ABCD

【解析】社会保证费包括养老保险费、失业保险费、医疗保险费和生育保险费。

9. 下列哪些属于施工技术措施费（　　）。
A. 施工排水、降水费 B. 专业工程施工技术措施费
C. 大型机械设备进出场及安拆费 D. 检验试验费
E. 安全文明施工费

【答案】ABC

【解析】施工技术措施费包括施工排水、降水费，专业工程施工技术措施费，大型机械设备进出场及安拆费，地上、地下设施、建筑物的临时保护措施和其他施工技术措施费。

10. 工程量清单的作用有（　　）。
A. 编制招标控制价的依据，是投标人投标报价的依据
B. 是合同价调整的基础
C. 体现招标人要求投标人完成的工程项目内容及相应工程数量，全面反映了投标报价要求，是投标人进行报价的依据
D. 反映拟建工程的全部工程内容，并为实现这些工程内同而进行的其他工作。
E. 可以完全取代定额计价方式

【答案】ABCD

【解析】工程量清单的作用：1）编制招标控制价的依据，是投标人投标报价的依据；2）是合同价调整的基础；3）体现招标人要求投标人完成的工程项目内同及相应工程数量，全面反映了投标报价要求，是投标人进行报价的依据；4）反映拟建工程的全部工程内容，并为实现这些工程内容而进行的其他工作；5）体现招标文件对招标项目的技术要求和投标报价要求。

11. 分部分项工程清单应该包括（　　）。
A. 项目编码 B. 项目名称
C. 项目特征 D. 计量单位
E. 工程量

【答案】ABCDE

【解析】分部分项工程清单应该包括项目编码、项目名称、项目特征、计量单位和工程量。

12. 税金项目清单应该包括的内容有（　　）。
A. 营业税 B. 城市维护建设税
C. 教育费附加 D. 社会保证费
E. 工程排污费

【答案】ABC

【解析】税金项目清单应该包括的内容有营业税、城市维护建设税、教育费附加。

13. 建筑产品不同的计价办法,主要体现在( )。
A. 计价单元的价格组成　　　　B. 计价单元的划分
C. 数量的确定　　　　　　　　D. 计价标准
E. 项目的编码

【答案】ABCD

【解析】建筑产品不同的计价办法,主要体现在计价单元的价格组成、计价单元的划分、数量的确定和计价标准等。

施工员（设备方向）通用与基础知识试卷

一、判断题（共20题，每题1分）

1. 《建设工程质量管理条例》是我国第一部建设配套的行为法规，也是我国第一部建筑工程质量条例。

【答案】（   ）

2. 从业人员在进行作业过程中发现直接危及人身安全的紧急情况时，有权停止作业或者在采取可能的应急措施后撤离作业场所。

【答案】（   ）

3. 生产污水如含泥沙、矿物质和有机物时，经过沉淀处理后可与雨水合流。

【答案】（   ）

4. 两根管子的交叉时如下图，表示小管子在下，大管子在上。

【答案】（   ）

5. 钢筋混凝土管、混凝土管以内径 dn 标注。

【答案】（   ）

6. 在给水排水管道工程中，管径在57mm以内时常选用热轧管。

【答案】（   ）

7. 供热、蒸汽、生活热水管道应采用厚度为3mm的耐高温橡胶垫。

【答案】（   ）

8. 在挖好的管沟到管底标高处铺设管道时，应将预制好的管段按照承口朝向来水方向，由室外出水口处向室内顺序排列。

【答案】（   ）

9. 安装卫生器具时，不宜采用膨胀螺栓安装固定。

【答案】（   ）

10. 排水混凝土管和管件的承口（双承口的管件除外），应与管道内的水流方向相同。

【答案】（   ）

11. 凡中断供电时将在政治、经济上造成较大损失或将影响重要用电单位的正常工作等，均为一级负荷。

【答案】（   ）

12. 高低压开关柜采用直接安装法，也就是在土建进行混凝土基础浇筑时，直接将基础型钢埋入基础的一种方法。

【答案】（   ）

13. 温度对流体的黏滞系数影响很大，温度升高时，液体的黏滞系数降低，流动性增加。

14. 液体内部的压强随着液体深度的增加而减小。

【答案】（ ）

15. 轴力背离截面为负；轴力指向截面为正。

【答案】（ ）

16. 电路的作用是实现电能的传输和转换。

【答案】（ ）

17. 为了方便计算正弦交流电作的功，引入有效值。

【答案】（ ）

18. 直接工程费包括人工费、材料费和施工机械使用费

【答案】（ ）

19. 措施项目清单中安全文明施工费可以作为竞争性费用。

【答案】（ ）

20. 合同定价是对工程产品供求双方责任和权力以法律形式予以确定的反映。

【答案】（ ）

二、单选题（共40题，每题1分）

21. 施工活动中，建设单位的主要安全责任不包括（   ）。
 A. 不得压缩合同约定的工期
 B. 在编制工程概算时，应确定建设工程安全作业环境及安全施工措施所需费用
 C. 在申请领取施工许可证时，应提供建设工程有关的安全施工措施的资料
 D. 应审查施工组织设计中的安全技术措施或者专项施工方案是否符合工程建设强制性标准

22. 基层施工人员发现己方或相关方有违反或抵触《建筑工程安全生产管理条例》时的处置程序时不可采取申诉和仲裁的是（   ）。
 A. 发生事故未及时组织抢救或隐瞒
 B. 对从事危险作业的人员未办理意外伤害保险，施工人员提议后仍未采纳
 C. 意外伤害保险费从施工人员收入中克扣
 D. 工伤人员未能按事故赔偿责任获得施工单位赔偿等

23. 生产经营单位在从事生产经营活动中，配备专职安全生产管理人员对从业人员进行教育培训，其目的不包括（   ）。
 A. 使职工具备必要的安全生产知识和安全意识
 B. 健全安全生产责任制度
 C. 熟悉安全生产规章制度和操作规程
 D. 掌握安全生产基本技能

24. 《项目管理规范》对建设工程项目的解释是：为完成依法立项的新建、扩建、改建等各类工程而进行的，有起止日期的，达到规定要求的一组相互关联的受控活动组成的特定过程，包括（   ）、勘察、设计、采购、施工、试运行、竣工验收和考核评价等，简称为项目。

A. 策划　　　　　　　　　　　　B. 可行性分析
C. 市场调研　　　　　　　　　　D. 行业定位

25. 项目资源管理的全过程为（　　）。
A. 项目资源计划、配置、控制和处置
B. 人力资源管理、材料管理、机械设备管理、技术管理和资金管理
C. 编制投资配置计划，确定投入资源的数量与时间
D. 采取科学的措施，进行有效组合，合理投入，动态调控。

26. 将待焊处的母材金属熔化以形成焊缝的焊接方法称为（　　）。
A. 压力焊　　　　　　　　　　　B. 熔化焊
C. 钎焊　　　　　　　　　　　　D. 电阻焊

27. 投影分类中依照投射线发出的方向不同可分为（　　）。
A. 中心投影法、平行投影法、轴测投影法
B. 正投影法、平行投影法、轴测投影法
C. 正投影法、斜投影法、轴测投影法
D. 正投影法、斜投影法、平行投影法

28. 用于室内排水的水平管道与立管的连接，应采用（　　）。
A. 45°三通　　　　　　　　　　 B. 45°四通
C. 45°斜三通　　　　　　　　　 D. 90°斜四通

29. 聚乙烯（PE）管适用温度范围为（　　），具有良好的耐磨性、低温抗冲击性和耐化学腐蚀性。
A. $-60 \sim +60$℃　　　　　　　B. $-80 \sim +80$℃
C. $-40 \sim +80$℃　　　　　　　D. $-40 \sim +70$℃

30. 管道法兰连接一般用于消防、喷淋及空调水系统的（　　）的连接。
A. 焊接钢管　　　　　　　　　　B. 塑料管
C. 铝塑复合管　　　　　　　　　D. 无缝钢管、螺旋管

31. 成品敞口水箱安装前应做（　　）。
A. 盛水试验　　　　　　　　　　B. 煤油渗透试验
C. 满水试验　　　　　　　　　　D. 水压试验

32. 浇筑混凝土管墩、管座时，应待混凝土的强度达到（　　）MPa 以上方可回土。
A. 2　　　　　　　　　　　　　　B. 3
C. 4　　　　　　　　　　　　　　D. 5

33. 常用的电线型号中"BVP"表示（　　）。
A. 铜芯聚氯乙烯绝缘电线　　　　B. 铜芯聚氯乙烯绝缘屏蔽电线
C. 铜芯聚氯乙烯绝缘软线　　　　D. 铜芯橡皮绝缘电线

34. 室内灯具的安装方式主要有（　　）。
A. 吸顶式、嵌入式、挂式、悬吊式
B. 落地式、吸顶式、吸壁式、悬吊式
C. 吸顶式、嵌入式、挂式、落地式
D. 吸顶式、嵌入式、吸壁式、悬吊式

35. 防雷接地系统中的避雷针、网、带的连接一般采用搭接焊，其焊接长度满足要求的是（   ）。
   A. 圆钢与扁钢连接时，其长度为圆钢直径的 5 倍
   B. 扁钢为其宽度的 3 倍，两面施焊
   C. 扁钢为其宽度的 2 倍，三面施焊
   D. 圆钢为其长度的 6 倍，三面施焊
36. 照明全负荷通电试运行时，民用住宅照明系统通电连续运行时间为（   ）h。
   A. 24   B. 12
   C. 8   D. 4
37. 布线系统中电线敷设的要求用类似数学公式的文字表达正确的是（   ）。
   A. $a-d\ (e×f)\ g-h$ B. $a-e\ (d×f)\ h-g$
   C. $e-d\ (a×f)\ g-h$ D. $d-a\ (g×f)\ e-h$
38. 机械通风根据通风系统的作用范围不同，机械通风可划分为（   ）。
   A. 局部通风和全面通风   B. 自然通风和人工通风
   C. 局部通风和自然通风   D. 人工通风和全面通风
39. 圆形风管所注标高应表示（   ）。
   A. 管中心标高   B. 管底标高
   C. 管顶标高   D. 相对标高
40. 支架的悬臂、吊架的横担采用（   ）制作。
   A. 圆钢   B. 圆钢和扁钢
   C. 扁钢   D. 角钢或槽钢
41. 防火分区隔墙两侧的防火阀距墙体表面不应大于（   ）mm。
   A. 200   B. 300
   C. 400   D. 500
42. 制冷剂阀门安装前应进行严密性试验，严密性试验压力为阀门公称压力的 1.1 倍，持续时间（   ）s 不漏为合格。
   A. 15   B. 20
   C. 25   D. 30
43. 湿式自动喷水灭火系统的组成不包括（   ）。
   A. 湿式报警阀   B. 闭式喷头
   C. 管网   D. 充气设备
44. 智能化工程的实施要从（   ）开始。
   A. 方案设计   B. 采购设备、器材
   C. 调查用户的需求   D. 遴选招标文件
45. 温度对流体的黏滞系数影响很大，温度升高时，液体的黏滞系数（   ），流动性（   ）。
   A. 降低，降低   B. 降低，增加
   C. 增加，降低   D. 增加，增加
46. 流体在断面缩小的地方流速（   ），此处的动能也（   ），在过流断面上会产

生压差。

A. 大,小 B. 大,大
C. 小,小 D. 小,大

47. 强度极限值出现在（　　）阶段中。
A. 弹性阶段 B. 屈服阶段
C. 强化阶段 D. 颈缩阶段

48. 热水管道的安装,管道存在上翻现象时,在上翻处设置（　　）。
A. 排气阀 B. 安全阀
C. 支架 D. 套管

49. 电路的作用是实现电能的（　　）。
A. 传输 B. 转换
C. 传输和转换 D. 不确定

50. 为了方便计算正弦交流电作的功,引入（　　）量值。
A. 实验值 B. 测量值
C. 计算值 D. 有效值

51. 三相电动势一般是由三相交流发电机产生,三相交流发电机中三个绕组在空间位置上彼此相隔（　　）°。
A. 30 B. 60
C. 120 D. 180

52. 在饱和区内,当（　　）时候,集电结处于正向偏置,晶体管处于饱和状态。
A. $U_{CE} < U_{BE}$ B. $U_{CE} > U_{BE}$
C. $U_{CE} = U_{BE}$ D. $U_{CE} \geq U_{BE}$

53. 在工程上 U、V、W 三根相线分别用（　　）颜色来区别。
A. 黄、绿、红 B. 黄、红、绿
C. 绿、黄、红 D. 绿、红、黄

54. 在工程造价中,工程产品具体生产过程需投入资金计划在（　　）阶段。
A. 设计概算 B. 施工图预算
C. 合同造价 D. 期间结算

55. 管内穿线的工程量,应区别线路性质、导线材质、导线截面,以单位"（　　）"为计算单位。
A. 延长米 B. 米
C. 厘米 D. 分米

56. 雨篷结构的外边线至外墙结构外边线的宽度超过（　　）m 者,应按雨篷结构板的水平投影面积的 1/2 计算。
A. 1.20 B. 2.00
C. 2.10 D. 2.20

57. 地下室、半地下室,包括相应的有永久性顶盖的出入口,应按其（　　）所围水平面积计算。
A. 外墙上口外边线 B. 外墙上口内边线

C. 内墙上口外边线　　　　　　　　D. 内墙上口内边线

58. 立体车库上，层高不足 2.20m 的应计算（　　）面积。
A. 1/2　　　　　　　　　　　　　B. 1/3
C. 1/4　　　　　　　　　　　　　D. 1

59. 建筑物内操作平台（　　）建筑物面积。
A. 算　　　　　　　　　　　　　B. 不算
C. 算 1/2　　　　　　　　　　　D. 不确定

60. 高低联跨建筑物，其高低跨内部连通时，其变形缝应计算在（　　）。
A. 低跨面积内　　　　　　　　　B. 高跨面积内
C. 高低联跨中间的位置内部　　　D. 不确定

三、多选题（共 20 道，每题 2 分，选错项不得分，选不全得 1 分）

61. 《安全生产法》第十七条规定，生产经营单位的主要负责人对本单位安全生产工作负有以下责任（　　）。
A. 建立、健全本单位安全生产责任制
B. 组织制定本单位安全生产规章制度和操作规程
C. 保证本单位安全生产投入的有效实施
D. 督促、检查本单位安全生产工作，及时消除安全生产事故的隐患
E. 安全事故后及时进行处理

62. 下列哪些设备属于排水系统的组成（　　）。
A. 水源　　　　　　　　　　　　B. 污水收集器
C. 水表　　　　　　　　　　　　D. 排水管道
E. 清通设备

63. 不锈钢管大量应用于（　　）的管路。
A. 建筑给水　　　　　　　　　　B. 直饮水
C. 制冷　　　　　　　　　　　　D. 供热
E. 燃气

64. 止回阀有严格的方向性，安装时除了注意阀体所标介质流动方向外，还须注意（　　）。
A. 安装升降式止回阀时应垂直安装，以保证阀盘升降灵活与工作可靠
B. 安装升降式止回阀时应水平安装，以保证阀盘升降灵活与工作可靠
C. 摇板式止回阀安装时，应注意介质的流动方向
D. 只要保证摇板的旋转枢轴水平，可装在水平或垂直的管道上
E. 可安装在任意水平和垂直管道上

65. 塑料管不得露天架空敷设，必须露天架空敷设时应有（　　）等措施。
A. 保温　　　　　　　　　　　　B. 防晒
C. 防漏　　　　　　　　　　　　D. 防塌方
E. 防变形

66. 室外排水管在雨期施工时，应采取哪些措施（　　）。

A. 挖好排水沟槽　　　　　　　　B. 设置集水井

C. 准备好抽水设备　　　　　　　D. 严防雨水泡槽

E. 注意保温

67. 钢导管的连接方式有（　　）。

A. 镀锌厚壁钢导管的丝扣连接

B. 镀锌薄壁钢导管的套接扣压式连接

C. 镀锌薄壁钢导管的套接紧定式连接

D. 非镀锌厚壁钢导管的丝扣或套管连接

E. 非镀锌薄壁钢导管的丝扣连接

68. 干式变压器是20世纪80年代以后开始广泛被采用的一种变压设备，分为（　　）。

A. 固定式　　　　　　　　　　　B. 抽屉式

C. 开启式　　　　　　　　　　　D. 封闭式

E. 浇筑式

69. 通风与空调工程一般包括（　　）。

A. 通风机房　　　　　　　　　　B. 制热和制冷设备

C. 送风排风的风管系统　　　　　D. 传递冷媒的管道系统

E. 传递热媒的管道系统

70. 不锈钢板风管材料的一般特性包括（　　）。

A. 表面美观及使用性能多样化

B. 耐腐蚀性好，比普通钢长久耐用

C. 强度高，因而薄板使用的可能性大

D. 耐高温氧化及强度高，因此能够抗火灾

E. 常温加工，即容易塑性加工

71. 无机玻璃钢风管分为（　　）。

A. 整体普通型　　　　　　　　　B. 整体保温型

C. 组合型　　　　　　　　　　　D. 组合普通型

E. 组合保温型

72. 泵的清洗和检查满足的要求是（　　）。

A. 整体出厂的泵可不拆卸，只清理外表

B. 当有损伤时，整体出厂的泵应按随机技术文件的规定进行拆洗

C. 解体出厂的泵应检查各零件和部件，并应无损伤、无锈蚀，并将其清洗洁净

D. 配合表面应涂上润滑油，并应按装配零件和部件的标记分类放置

E. 弯管飞段法兰平面间紧固零件和导叶体主轴承的紧固零件，出厂装配好的部分，不得拆卸

73. 防排烟系统的组成包括（　　）。

A. 风机　　　　　　　　　　　　B. 管道

C. 阀门　　　　　　　　　　　　D. 送风口

E. 排烟口

74. 静力学所指的平衡，是指（　　）。

A. 物体相对于地面保持静止
B. 物体相对于物体本身作匀速直线运动
C. 物体相对于其他物体作匀速直线运动
D. 物体相对于地面作匀速直线运动
E. 物体相对于地面作变加速直线运动

75. 下列叙述正确的是（　　）。
A. 作用力与反作用力总是成对出现的
B. 作用力与反作用力并不总是同时出现
C. 作用力与反作用力作用于同一物体上
D. 作用力与反作用力分别作用在两个不同的物体上
E. 二力平衡中的二力作用于同一物体上

76. 下列关于流体的特征正确的是（　　）。
A. 液体和气体状态的物质统称为流体
B. 液体在任何情况下都不可以承受拉力
C. 气体可以承受剪力
D. 只有在特殊情况下液体可以承受微小拉力
E. 液体在任何微小剪力的作用下都将发生连续不断的变形

77. 电路的工作状态包括（　　）。
A. 通路　　　　　　　　　B. 开路
C. 短路　　　　　　　　　D. 闭路
E. 超载

78. 通常晶体管的输出特性曲线区分为（　　）区。
A. 非饱和区　　　　　　　B. 饱和区
C. 截止区　　　　　　　　D. 放大区
E. 线性区

79. 下列关于转子正确的是（　　）。
A. 转子铁芯的作用是组成电动机主磁路的一部分和安放转子绕组
B. 转子是用小于0.5mm厚的冲有转子槽形的硅钢片叠压而成
C. 转子是用小于0.5mm厚相互绝缘的硅钢片叠压而成
D. 转子绕组的作用是感应电动势、流动电流并产生电磁转矩
E. 转子按其结构形式可分为绕线式转子和笼型转子两种

80. 税金项目清单应该包括的内容有（　　）。
A. 营业税　　　　　　　　B. 城市维护建设税
C. 教育费附加　　　　　　D. 社会保证费
E. 工程排污费

施工员（设备方向）通用与基础知识试卷答案与解析

一、判断题（共20题，每题1分）

1. 正确

【解析】《建设工程质量管理条例》是《中华人民共和国建筑法》颁布实施后指定的第一部配套的行政法规，我国第一部建设配套的行为法规，也是我国第一部建筑工程质量条例。

2. 正确

【解析】从业人员的权利：紧急避险权。即发现直接危及人身安全的紧急情况时，有权停止作业或者在采取可能的应急措施后撤离作业场所。

3. 错误

【解析】生产污水如只含泥沙或矿物质而不含有机物时，经过沉淀处理后可与雨水合流。

4. 错误

【解析】单、双线同时存在，通常小管子用单线表示，大管子用双线表示，其交叉的表示则小管子在上（前）为实线，小管子在下（后）为虚线。

5. 错误

【解析】钢筋混凝土管、混凝土管以内径 d 标注。

6. 错误

【解析】在给水排水管道工程中，管径在57mm以内时常选用冷拔（轧）管。

7. 正确

【解析】供热、蒸汽、生活热水管道应采用厚度为3mm的耐高温橡胶垫。

8. 正确

【解析】在挖好的管沟到管底标高处铺设管道时，应将预制好的管段按照承口朝向来水方向，由室外出水口处向室内顺序排列。

9. 错误

【解析】安装卫生器具时，宜采用预埋螺栓或用膨胀螺栓安装固定。

10. 错误

【解析】排水混凝土管和管件的承口（双承口的管件除外），应与管道内的水流方向相反。

11. 错误

【解析】凡中断供电时将在政治、经济上造成较大损失或将影响重要用电单位的正常工作等，均为二级负荷。

12. 正确

【解析】直接安装法，也就是在土建进行混凝土基础浇筑时，直接将基础型钢埋入基础的一种方法。

13. 正确

【解析】温度对流体的黏滞系数影响很大，温度升高时，液体的黏滞系数降低，流动性增加。

14. 错误

【解析】液体内部的压强随着液体深度的增加而增大。

15. 错误

【解析】轴力背离截面（拉力）为正，轴力指向截面（压力）为负。

16. 正确

【解析】电路的作用是实现电能的传输和转换。

17. 正确

【解析】为了方便计算正弦交流电作的功，引入有效值量值。

18. 正确

【解析】直接费用包括人工费、材料费和施工机械使用费。

19. 错误

【解析】措施项目清单中安全文明施工费不可以作为竞争性费用。

20. 正确

【解析】合同定价是对工程产品供求双方责任和权力以法律形式予以确定的反映。

二、单选题（共40题，每题1分）

21. D

【解析】工程监理单位的主要安全责任是：应审查施工组织设计中的安全技术措施或者专项施工方案是否符合工程建设强制性标准。

22. A

【解析】施工人员对涉及损害个人权益或合理要求未能实现的，可以提起申诉或仲裁等，如对从事危险作业的人员未办理意外伤害保险，施工人员提议后仍未采纳；意外伤害保险费从施工人员收入中克扣；工伤人员未能按事故赔偿责任获得施工单位赔偿等。

23. B

【解析】对从业人员教育培训的目的如下：1）使职工具备必要的安全生产知识和安全意识；2）熟悉安全生产规章制度和操作规程；3）掌握安全生产基本技能。

24. A

【解析】《项目管理规范》对建设工程项目的解释是：为完成依法立项的新建、扩建、改建等各类工程而进行的，有起止日期的，达到规定要求的一组相互关联的受控活动组成的特定过程，包括策划、勘察、设计、采购、施工、试运行、竣工验收和考核评价等，简称为项目。

25. A

【解析】项目资源管理的全过程为项目资源计划、配置、控制和处置。

26. B

【解析】将待焊处的母材金属熔化以形成焊缝的焊接方法，称为熔化焊。

27. A

【解析】投影的分类，依照投射线发出的方向不同可分为：中心投影法、平行投影法、轴测投影法。

28. D

【解析】用于室内排水的水平管道与水平管道、水平管道与立管的连接，应采用45°三通或45°四通和90°斜三通或90°斜四通。

29. A

【解析】聚乙烯（PE）管适用温度范围为-60~+60℃，具有良好的耐磨性、低温抗冲击性和耐化学腐蚀性。

30. D

【解析】管道法兰连接一般用于消防、喷淋及空调水系统的无缝钢管、螺旋管的连接。

31. C

【解析】满水试验：敞口水箱安装前应做满水试验，即水箱满水后静置观察24h，以不渗不漏为合格。

32. D

【解析】浇筑混凝土管墩、管座时，应待混凝土的强度达到5MPa以上方可回土。

33. B

【解析】常用的电线型号中"BVP"表示铜芯聚氯乙烯绝缘屏蔽电线。

34. D

【解析】室内灯具的安装方式主要有吸顶式、嵌入式、吸壁式、悬吊式。

35. C

【解析】防雷接地系统中的避雷针、网、带的连接一般采用搭接焊，其焊接长度满足要求的是扁钢为其宽度的2倍，三面施焊（当宽度不同时，搭接长度以宽的为准）。

36. C

【解析】通电连续运行时间：公用建筑照明系统24h，民用住宅照明系统8h。

37. A

【解析】布线系统中电线敷设的要求用类似数学公式的文字表达为：$a-d$ $(e \times f)$ $g-h$。

38. A

【解析】机械通风根据通风系统的作用范围不同，机械通风可划分为局部通风和全面通风。

39. A

【解析】圆形风管所注标高应表示管中心标高。

40. D

【解析】支架的悬臂、吊架的横担采用角钢或槽钢制作。

41. A

【解析】防火分区隔墙两侧的防火阀距墙体表面不应大于500mm。

42. D

【解析】制冷剂阀门安装前应进行严密性试验，严密性试验压力为阀门公称压力的1.1倍，持续时间30s不漏为合格。

43. D

【解析】湿式自动喷水灭火系统由湿式报警阀、闭式喷头和管网组成。

44. C

【解析】智能化工程的实施要从用户的需求调查开始，才能把建筑群或单个建筑物的智能化工程构思完整而符合工程设计的初衷，这一点是与其他工程的实施或施工有较大的差异。

45. B

【解析】温度对流体的黏滞系数影响很大，温度升高时，液体的黏滞系数降低，流动性增加。

46. B

【解析】流体在断面缩小的地方流速大，此处的动能也大，在过流断面上会产生压差。

47. C

【解析】在强化阶段中，出现强度极限，强度极限是材料抵抗断裂的最大应力。

48. A

【解析】热水管道的安装，管道存在上翻现象时，在上翻处设置排气阀。

49. C

【解析】电路的作用是实现电能的传输和转换。

50. D

【解析】为了方便计算正弦交流电作的功，引入有效值量值。

51. C

【解析】三相电动势一般是由三相交流发电机产生，三相交流发电机中三个绕组在空间位置上彼此相隔120°。

52. A

【解析】在饱和区内，当$U_{CE} < U_{BE}$时候，集电结处于正向偏置，晶体管处于饱和状态。

53. A

【解析】在工程上 U、V、W 三根相线分别用黄、绿、红颜色来区别。

54. A

【解析】在工程造价中，工程产品具体生产过程需投入资金计划在设计概算阶段。

55. A

【解析】管内穿线的工程量，应区别线路性质、导线材质、导线截面，以单位"延长米"为计算单位。

56. C

【解析】雨篷结构的外边线至外墙结构外边线的宽度超过2.10m者，应按雨篷结构板的水平投影面积的1/2计算。

57. A

【解析】地下室、半地下室，包括相应的有永久性顶盖的出入口，应按其外墙上口外边线所围水平面积计算。

58. A

【解析】立体车库上，层高在2.20m及以上者应计算全面积，层高不足2.20m的应计算1/2面积。

59. B

【解析】建筑物内操作平台不算建筑物面积。

60. A

【解析】高低联跨建筑物，其高低跨内部连通时，其变形缝应计算在低跨面积内。

三、多选题（共20道，每题2分，选错项不得分，选不全得1分）

61. ABCD

【解析】《安全生产法》第十七条规定，生产经营单位的主要负责人对本单位安全生产工作负有以下责任：建立、健全本单位安全生产责任制；组织制定本单位安全生产规章制度和操作规程；保证本单位安全生产投入的有效实施；督促、检查本单位安全生产工作，及时消除安全生产事故的隐患；组织制定并实施本单位的生产安全事故应急救援预案；及时、如实报告生产安全事故。

62. BDE

【解析】排水系统一般由污（废）水收集器、排水管道、通气管、清通设备等组成。

63. AB

【解析】不锈钢管大量应用于建筑给水和直饮水的管路。

64. BCD

【解析】止回阀有严格的方向性，安装时除了注意阀体所标介质流动方向外，还须注意下列各点：安装升降式止回阀时应水平安装，以保证阀盘升降灵活与工作可靠；摇板式止回阀安装时，应注意介质的流动方向，只要保证摇板的旋转枢轴水平，可装在水平或垂直的管道上。

65. AB

【解析】塑料管不得露天架空敷设，必须露天架空敷设时应有保温和防晒等措施。

66. ABCD

【解析】室外排水管在雨期施工时，应挖好排水沟槽、集水井，准备好潜水泵、胶管等抽水设备，严防雨水泡槽。

67. ABCDE

【解析】钢导管的连接方式有镀锌厚壁钢导管的丝扣连接、镀锌薄壁钢导管的套接扣压式连接和套接紧定式连接、非镀锌厚壁钢导管的丝扣或套管连接、非镀锌薄壁钢导管的丝扣连接。

68. CDE

【解析】干式变压器是20世纪80年代以后开始广泛被采用的一种变压设备，分为开启式、封闭式和浇筑式三类，一般容量在3150kVA及以下，因此多为整体安装。

69. ABCDE

【解析】通风与空调工程的具体内容要视工程设计和工程规模大小而定，一般包括各种通风机房、制热和制冷设备、送风排风的风管系统、传递冷媒热媒的管道系统等。

70. ABCDE

【解析】一般特性：表面美观及使用性能多样化；耐腐蚀性好，比普通钢长久耐用；强度高，因而薄板使用的可能性大；耐高温氧化及强度高，因此能够抗火灾；常温加工，即容易塑性加工。因为不必表面处理,所以简便、维护简单;清洁,光洁度高;焊接性能好。

71. ABCE

【解析】无机玻璃钢风管分为整体普通型、整体保温型、组合型和组合保温型四类。

72. ABCDE

【解析】泵的清洗和检查满足的要求是:整体出厂的泵可不拆卸,只清理外表;当有损伤时,整体出厂的泵应按随机技术文件的规定进行拆洗;解体出厂的泵应检查各零件和部件,并应无损伤、无锈蚀,并将其清洗洁净;配合表面应涂上润滑油,并应按装配零件和部件的标记分类放置;弯管飞段法兰平面间紧固零件和导叶体主轴承的紧固零件,出厂装配好的部分,不得拆卸。

73. ABCDE

【解析】防排烟系统由风机、管道、阀门、送风口、排烟口以及风机、阀门与送风口或排烟口的联动装置等,其中风机是主要设备,其余称为附属设备或附件。

74. AD

【解析】静力学中所指的平衡,是指物体相对于地面保持静止或作匀速直线运动。

75. ADE

【解析】作用力与反作用力总是成对出现的,不应把作用和反作用与二力平衡混淆起来。前者是二力分别作用在两个不同的物体上,而后者是二力作用于同一物体上。

76. ADE

【解析】物质通常有三种不同的状态,即固体、液体和气体,液体和气体状态的物质统称为流体。气体既无一定的形状也无一定的体积,它们可以承受压力,但不能承受拉力和剪力,只有在特殊情况下液体可以承受微小拉力(表面张力)。液体和气体在任何微小剪力的作用下都将发生连续不断的变形,直至剪力消失。

77. ABC

【解析】电路的工作状态:通路、开路、短路。

78. BCDE

【解析】通常把晶体管的输出特性曲线区分为三个工作区,就是晶体三极管有三种工作状态,即放大区(线性区)、截止区、饱和区。

79. ABDE

【解析】转子铁芯的作用是组成电动机主磁路的一部分和安放转子绕组,是用小于0.5mm厚的冲有转子槽形的硅钢片叠压而成。转子绕组的作用是感应电动势、流动电流并产生电磁转矩,转子按其结构形式可分为绕线式转子和笼型转子两种。

80. ABC

【解析】税金项目清单应该包括的内容有营业税、城市维护建设税、教育费附加。

下篇　岗位知识与专业技能

第一章　设备安装相关的管理规定和标准

一、判断题

1. 施工作业人员是施工作业活动的重要主体。

【答案】正确

【解析】施工作业人员是施工作业活动的重要主体，通过他们的专业形成工程实体，因而如发生安全事故受到伤害的绝大部分是施工作业人员，所以必须使施工作业人员明确在施工活动中安全生产的权利和义务。

2. 施工现场暂时停止施工的，应当做好现场的防护。

【答案】正确

【解析】施工单位应当根据不同施工阶段、不同季节、气候变化等环境条件的变化，编制施工现场的安全措施。如施工现场暂时停止施工的，应当做好现场的防护。

3. 对危险性较大的分部分项工程要编制全项施工方案。

【答案】错误

【解析】对危险性较大的分部分项工程要编制专项施工方案。

4. 建筑工程质量检测工作是建筑工程质量监督的主要手段。

【答案】错误

【解析】建筑工程检测的目的：为保证建筑工程质量、提高经济效益和社会效益，建筑工程质量检测工作是建筑工程质量监督的重要手段。

5. 国务院建设行政主管部门负责全国房屋建筑工程和市政基础设施工程的竣工验收备案管理工作。

【答案】正确

【解析】国务院建设行政主管部门负责全国房屋建筑工程和市政基础设施工程的竣工验收备案管理工作。

6. 统一标准共有条文53条，其中强制性条文6条，比例为9%，同时还有8个附录，用以统一划分工程和统一检查记录的表达。

【答案】错误

【解析】统一标准共有条文53条，其中强制性条文5条，比例为9%，同时还有8个附录，用以统一划分工程和统一检查记录的表达。

7. 建筑智能化工程参与单位工程验收应按《建筑智能化工程施工质量验收统一标准》GB 50300-2013 的规定执行。

【答案】错误

【解析】建筑智能化工程参与单位工程验收应按《建筑工程施工质量验收统一标准》

GB 50300-2013 的规定执行。

8. 特种设备安装、改造、维修的施工单位应当在施工前将拟进行的设备安装、改造、维修情况书面告知直辖市或者设区的市的特种设备安全监督管理部门、告知后即可施工。

【答案】正确

【解析】特种设备安装、改造、维修的施工单位应当在施工前将拟进行的设备设备安装、改造、维修情况书面告知直辖市或者设区的市的特种设备安全监督管理部门、告知后即可施工。

9. 工程建设强制性标准是指直接涉及工程质量、安全、卫生及环境保护等方面的工程建设标准强制性条文。

【答案】正确

【解析】工程建设强制性标准是指直接涉及工程质量、安全、卫生及环境保护等方面的工程建设标准强制性条文。

二、单选题

1. 施工作业人员的权利包括：（　　）。
   A. 有权获得安全防护用具和安全防护服装
   B. 正确使用安全防护用具和用品
   C. 应当遵守安全规章制度和操作规程
   D. 应当遵守安全施工的强制性标准

【答案】A

【解析】施工作业人员的权利：有权获得安全防护用具和安全防护服装；有权知晓危险岗位的操作规程和违章操作的危害；作业人员有权对施工现场的作业条件、作业程序和作业方式中存在的安全问题提出批评、检举和控告；有权拒绝违章指挥和强令冒险作业；在施工中发生危及人身安全的紧急情况时，作业人员有权即停止作业或采取必要的应急措施后撤离危险区域。

2. 施工作业人员的义务包括：（　　）。
   A. 有权获得安全防护用具和安全防护服装
   B. 有权知晓危险岗位的操作规程和违章操作的危害
   C. 在施工中发生危及人身安全的紧急情况时，作业人员有权即停止作业或采取必要的应急措施后撤离危险区域
   D. 应当遵守安全施工的强制性标准

【答案】D

【解析】施工作业人员的义务：应当遵守安全施工的强制性标准；应当遵守安全规章制度和操作规程；正确使用安全防护用具和用品；正确使用施工机械设备；认真接受安全教育培训。

3. 不属于房屋建筑安装工程施工安全措施的主要关注点是（　　）。
   A. 高空作业　　　　　　　　B. 施工机械操作
   C. 动用明火作业　　　　　　D. 认真接受安全教育培训

【答案】D

【解析】房屋建筑安装工程施工安全措施的主要关注点：高空作业；施工机械操作；起重吊装作业；动用明火作业；在密闭容器内作业；带电调试作业；管道及设备试压试验；单机试运转和联合试运转。

4. 不属于编制专项工程方案的工程有（ ）。
   A. 其他危险性较大的工程　　　　B. 起重吊装工程
   C. 拆除爆破工程　　　　　　　　D. 高大模板工程

【答案】D

【解析】编制专项工程方案的工程有：基坑支护与降水工程；土方开挖工程；模板工程；起重吊装工程；脚手架工程；拆除爆破工程；其他危险性较大的工程。

5. 属于危险性较大的分部分项工程的安全管理（ ）。
   A. 有专项的施工方案　　　　　　B. 带电调试作业
   C. 生活区的选址应符合安全性要求　D. 正确使用安全防护用具和用品

【答案】A

【解析】危险性较大的分部分项工程的安全管理：有专项的施工方案。

6. 属于建筑工程检测的目的是（ ）。
   A. 对施工计划进行验证
   B. 参与建筑新结构、新技术、新产品的科技成果鉴定
   C. 保证建筑工程质量
   D. 加快施工进度

【答案】C

【解析】建筑工程检测的目的：为保证建筑工程质量、提高经济效益和社会效益，建筑工程质量检测工作是建筑工程质量监督的重要手段。

7. 地基基础工程和主体结构工程，工程质量保修期限是（ ）。
   A. 至少80年　　　　　　　　　　B. 至多90年
   C. 至少50年　　　　　　　　　　D. 为设计文件规定的该工程的合理使用年限

【答案】D

【解析】工程质量保修期限，在正常使用的情况下，房屋建筑工程的最低保修期限为：地基基础工程和主体结构工程，为设计文件规定的该工程的合理使用年限。其他项目的保修期限由建筑单位和施工单位约定。

8. 工程质量保修期限，电气管线、给水排水管道、设备安装为（ ）年；装修工程为（ ）年。
   A. 2，1　　　　　　　　　　　　B. 3，2
   C. 2，2　　　　　　　　　　　　D. 1，2

【答案】C

【解析】工程质量保修期限，在正常使用的情况下，房屋建筑工程的最低保修期限为：电气管线、给水排水管道、设备安装为2年；装修工程为2年；其他项目的保修期限由建筑单位和施工单位约定。

9. 施工单位不履行保修义务或拖延履行保修义务的，由建设行政主管部门责令改正，并处于（ ）的罚款。

A. 20 万元以下 　　　　　　　　　B. 15 万元以上 20 万元以下
C. 10 万元以上 20 万元以下　　　　D. 10 万元以上 15 万元以下

【答案】C

【解析】施工单位不履行保修义务或拖延履行保修义务的，由建设行政主管部门责令改正，并处以 10 万元以上 20 万元以下的罚款。

10. 建设单位应自工程竣工验收合格之日（　　）日内，依照竣工验收管理暂行办法规定，向工程所在地县级以上地方人民政府建设行政主管部门备案。

A. 5 　　　　　　　　　　　　　　B. 15
C. 10 　　　　　　　　　　　　　D. 8

【答案】B

【解析】建设单位应自工程竣工验收合格之日 15 日内，依照竣工验收管理暂行办法规定，向工程所在地县级以上地方人民政府建设行政主管部门备案。

11. 备案机关发现建设单位在竣工验收过程中有违反国家有关建设工程质量管理规定行为的，应在收讫竣工验收备案文件（　　）日内，责令停止使用，重新组织竣工验收。

A. 5 　　　　　　　　　　　　　　B. 15
C. 10 　　　　　　　　　　　　　D. 8

【答案】B

【解析】备案机关发现建设单位在竣工验收过程中有违反国家有关建设工程质量管理规定行为的，应在收讫竣工验收备案文件 15 日内，责令停止使用，重新组织竣工验收。

12. 建筑工程质量验收的划分共 8 条，说明施工质量验收按（　　）层次进行，并具体规定了划分的原则和方法。

A. 单位工程、分部工程、分项工程、检验批
B. 检验批、分部工程、单位工程
C. 质量体系、质量控制、质量验收
D. 分项工程、分部工程、单位工程

【答案】A

【解析】建筑工程质量验收的划分共 8 条，说明施工质量验收按单位工程、分部工程、分项工程、检验批四个层次进行，并具体规定了划分的原则和方法。

13. 建筑工程质量验收共 8 条，强调（　　）是基础，同时体现了质量控制资料在分部和单位工程验收时的重要作用。

A. 检验批验收合格 　　　　　　　B. 单位工程验收合格
C. 分部工程验收合格 　　　　　　D. 分项工程验收合格

【答案】A

【解析】建筑工程质量验收共 8 条，对检验批、分项工程、分部工程、单位工程的验收合格标准作出规定，强调检验批验收合格是基础，同时体现了质量控制资料在分部和单位工程验收时的重要作用。

14. 临时用电设备在（　　）或设备总容量在（　　）者，应编制临时用电施工组织设计。

A. 5 台及 5 台以上，50kW 及 50kW 以上

B. 4 台及 4 台以上，50kW 及 50kW 以上
C. 5 台及 5 台以上，40kW 及 40kW 以上
D. 6 台及 6 台以上，50kW 及 50kW 以上

【答案】A

【解析】临时用电设备在 5 台及 5 台以上或设备总容量在 50kW 及 50kW 以上者，应编制临时用电施工组织设计。

15. 应选用安全电压照明灯具，特别潮湿的场所、导电良好的场面、金属容器内等，电源电压不大于（　　）V。
    A. 12   B. 24
    C. 36   D. 60

【答案】A

【解析】应选用安全电压照明器，特别潮湿的场所、导电良好的场面、金属容器内等，电源电压不大于 12V。

16. 应选用安全电压照明灯具，单相照明每一回路，灯具和插座数量不宜超过（　　）个，并装设熔断电流（　　）的熔断器保护。
    A. 20，15A 及 15A 以下   B. 25，10A 及 10A 以下
    C. 30，15A 及 15A 以下   D. 25，15A 及 15A 以下

【答案】D

【解析】应选用安全电压照明灯具，单相照明每一回路，灯具和插座数量不宜超过 25 个，并装设熔断电流 15A 及 15A 以下的熔断器保护。

17. 特种设备锅炉，其范围规定为容积不小于（　　）L 的承压蒸汽锅炉；出口水压不小于（　　）MPa（表压），且额定功率不小于（　　）MW 的承压热水锅炉。
    A. 30，0.2，0.1   B. 30，0.1，0.2
    C. 20，0.1，0.1   D. 30，0.1，0.1

【答案】D

【解析】特种设备锅炉，其范围规定为容积不小于 30L 的承压蒸汽锅炉；出口水压不小于 0.1MPa（表压），且额定功率不小于 0.1MW 的承压热水锅炉。

18. 特种设备压力管道，其范围规定最高工作压力不小于（　　）MPa（表压）的流体，且公称直径大于（　　）mm 的管道。
    A. 0.2，25   B. 0.1，25
    C. 0.2，20   D. 0.1，20

【答案】B

【解析】特种设备压力管道，其范围规定最高工作压力不小于 0.1MPa（表压）的流体，且公称直径大于 25mm 的管道。

19. 特种设备大型游乐设施，其范围规定的设计最大运行线速度不小于（　　）m/s，或者运行高度距地面高于或等于（　　）m 的载人大型游乐设施。
    A. 1，1   B. 1，2
    C. 2，1   D. 2，2

【答案】D

【解析】特种设备大型游乐设施，其范围规定的设计最大运行线速度不小于2m/s，或者运行高度距地面高于或等于2m的载人大型游乐设施。

20. 其他建筑工程按照国家工程建设消防技术标准进行的消防设计，建设单位应当自依法取得施工许可之日起（　　）个工作日内，将消防设计文件报公安机关消防机构备案，公安机关消防机构应当进行抽查消防设计文件。

   A. 五　　　　　　　　　　　　B. 六
   C. 七　　　　　　　　　　　　D. 八

【答案】C

【解析】其他建筑工程按照国家工程建设消防技术标准进行的消防设计，建设单位应当自依法取得施工许可之日起七个工作日内，将消防设计文件报公安机关消防机构备案，公安机关消防机构应当进行抽查消防设计文件。

21. 施工单位违反工程建设强制性标准的，责令改正，处工程合同价款（　　）的罚款。

   A. 3%以上4%以下　　　　　　B. 2%以上3%以下
   C. 2%以上4%以下　　　　　　D. 3%以上5%以下

【答案】C

【解析】施工单位违反工程建设强制性标准的，责令改正，处工程合同价款2%以上4%以下的罚款。

三、多选题

1. 施工作业人员的权利包括：（　　）。
   A. 有权获得安全防护用具和安全防护服装
   B. 有权知晓危险岗位的操作规程和违章操作的危害
   C. 作业人员有权施工现场的作业条件、作业程序和作业方式中存在的安全问题提出批评、检举和控告
   D. 应当遵守安全施工的强制性标准
   E. 应当遵守安全规章制度和操作规程

【答案】ABC

【解析】施工作业人员的权利：有权获得安全防护用具和安全防护服装；有权知晓危险岗位的操作规程和违章操作的危害；作业人员有权施工现场的作业条件、作业程序和作业方式中存在的安全问题提出批评、检举和控告；有权拒绝违章指挥和强令冒险作业；在施工中发生危及人身安全的紧急情况时，作业人员有权即停止作业或采取必要的应急措施后车里危险区域。

2. 房屋建筑安装工程施工安全措施的主要关注点有：（　　）。
   A. 高空作业　　　　　　　　B. 施工机械操作
   C. 生活区的选址应符合安全性要求　　D. 起重吊装作业
   E. 在密闭容器内作业

【答案】ABDE

【解析】房屋建筑安装工程施工安全措施的主要关注点：高空作业；施工机械操作；

起重吊装作业；动用明火作业；在密闭容器内作业；带电调试作业；管道及设备试压试验；单机试运转和联合试运转。

3. 交底的形式可以是（　　）。
   A. 座谈交流 B. 书面告知
   C. 模拟演练 D. 样板示范
   E. 书信告知

【答案】ABCD

【解析】交底的形式可以是座谈交流、书面告知、模拟演练、样板示范等，以达到交底清楚、措施可靠、有操作性、能排除安全隐患的最终目的。

4. 建筑工程检测的主要任务：（　　）。
   A. 对施工计划进行验证
   B. 参与建筑新结构、新技术、新产品的科技成果鉴定
   C. 接受委任，对检测对象进行检测
   D. 参加工程质量事故处理
   E. 参加仲裁检测工作

【答案】BCDE

【解析】建筑工程检测的主要任务：接受委任，对检测对象进行检测；参加工程质量事故处理和参加仲裁检测工作；参与建筑新结构、新技术、新产品的科技成果鉴定。

5. 建筑给水、排水及采暖工程质量验收的要求，参与单位工程验收时应提供的资料有：（　　）。
   A. 给水排水及采暖工程的工程质量控制资料
   B. 给水排水及采暖工程的工程安全检验资料
   C. 给水排水及采暖工程的工程观感质量检查记录
   D. 给水排水及采暖工程的工程功能检查资料
   E. 给水排水及采暖工程的工程主要功能抽查记录

【答案】ABCDE

【解析】建筑给水、排水及采暖工程质量验收的要求，参与单位工程验收时应提供的资料：给水排水及采暖工程的工程质量控制资料；给水排水及采暖工程的工程安全和功能检验资料及主要功能抽查记录；给水排水及采暖工程的工程观感质量检查记录。

6. 房屋建筑安装工程中含有（　　）。
   A. 建筑电气工程安装 B. 特种设备安装
   C. 消防工程安装   D. 空调工程安装
   E. 建筑电气工程

【答案】BC

【解析】房屋建筑安装工程中含有特种设备安装和消防工程安装。

7. 特种设备安装、改造、维修的施工单位应当在施工前需要将拟进行的特种设备安装、改造、维修情况书面告知特种设备安全监督管理部门，告知的目的是（　　）。
   A. 便于安排现场监督和检验工作
   B. 便于安全监督管理部门审查从事活动的企业资格是否符合从事活动的要求

C. 安装的设备是否由合法的生产单位制造
D. 及时掌握特种设备的动态
E. 安装单位必须具有固定的办公场所和通信地址

【答案】ABCD

【解析】特种设备安装、改造、维修的施工单位应当在施工前将拟进行的特种设备安装、改造、维修情况书面告知直辖市或者设区的市的特种设备安全监督管理部门、告知后即可施工。告知的目的是便于安全监督管理部门审查从事活动的企业资格是否符合从事活动的要求，安装的设备是否由合法的生产单位制造，及时掌握特种设备的动态，便于安排现场监督和检验工作。

第二章 施工组织设计和施工方案

一、判断题

1. 施工组织设计以施工项目为对象编制的,用于指导施工的技术、经济和管理的综合性文件。

【答案】正确

【解析】根据国家标准《建筑施工组织设计规范》GB/T 50502-2009:施工组织设计以施工项目为对象编制的,用于指导施工的技术、经济和管理的综合性文件。

2. 建筑电气工程在动力中心的变配电设备安装,机场建设的电力电缆敷设,带有36kV 的变配电所的调整试验等。

【答案】错误

【解析】建筑电气工程在动力中心的变配电设备安装,机场建设的电力电缆敷设,带有35kV 的变配电所的调整试验等。

3. 规模较大的分部工程和专项工程的施工方案要按单位工程施工组织设计进行编制和审批。

【答案】正确

【解析】规模较大的分部工程和专项工程的施工方案要按单位工程施工组织设计进行编制和审批。

4. 重点、难点分部工程和专项工程施工方案由施工单位技术部门组织相关专家评审,施工单位技术负责人批准。

【答案】正确

【解析】重点、难点分部工程和专项工程施工方案由施工单位技术部门组织相关专家评审,施工单位技术负责人批准。

二、单选题

1. 施工组织总设计以( )为主要对象编制的施工组织设计,有对( )。
 A. 若干单位工程组成的群体工程或特大型工程项目,整个项目的施工过程起到统筹规划、重点控制的作用
 B. 单位工程,单位工程的施工工程起指导和制约作用
 C. 分部工程或专项工程,具体指导其施工工程
 D. 专项工程,单位工程的施工工程起指导和制约作用

【答案】A

【解析】施工组织总设计以若干单位工程组成的群体工程或特大型工程项目为主要对象编制的施工组织设计,有对整个项目的施工过程起到统筹规划、重点控制的作用。

2. 单位工程施工组织设计以( )为主要对象编制的施工组织设计,对( )。
 A. 若干单位工程组成的群体工程或特大型工程项目,整个项目的施工过程起到统筹

规划、重点控制的作用

　　B. 单位工程，单位工程的施工工程起指导和制约作用

　　C. 分部工程或专项工程，具体指导其施工工程

　　D. 专项工程，单位工程的施工工程起指导和制约作用

【答案】B

【解析】单位工程施工组织设计以单位工程为主要对象编制的施工组织设计，对单位工程的施工工程起指导和制约作用。

3. 施工方案以（　　）为主要对象编制的施工技术和组织方案，用以（　　）。

　　A. 若干单位工程组成的群体工程或特大型工程项目，整个项目的施工过程起到统筹规划、重点控制的作用

　　B. 单位工程，单位工程的施工工程起指导和制约作用

　　C. 分部工程或专项工程，具体指导其施工工程

　　D. 专项工程，单位工程的施工工程起指导和制约作用

【答案】C

【解析】施工方案以分部工程或专项工程为主要对象编制的施工技术和组织方案，用以具体指导其施工工程。

4. 不属于主要施工管理计划的是（　　）。

　　A. 进度管理计划　　　　　　　　　B. 成本管理计划

　　C. 环境管理计划　　　　　　　　　D. 绿色施工管理计划

【答案】D

【解析】主要施工管理计划包括进度管理计划、质量管理计划、安全管理计划、环境管理计划、成本管理计划以及其他管理计划。

三、多选题

1. 施工组织设计的类型包括：（　　）。

　　A. 施工组织总设计　　　　　　　　B. 施工图纸

　　C. 单位工程组织施工组织设计　　　D. 施工方案

　　E. 施工要求

【答案】ACD

【解析】施工组织设计的类型：施工组织总设计；单位工程组织施工组织设计；施工方案。

2. 施工准备计划包括（　　）。

　　A. 技术准备　　　　　　　　　　　B. 物资准备

　　C. 劳动组织准备　　　　　　　　　D. 施工现场准备

　　E. 施工技术准备

【答案】ABCD

【解析】施工准备计划包括技术准备、物资准备、劳动组织准备和施工现场准备等。

3. 确定各项管理体系的流程和措施包括（　　）。

　　A. 技术措施　　　　　　　　　　　B. 质量保证措施

C. 组织措施　　　　　　　　D. 安全施工措施

E. 技术准备措施

【答案】ABCD

【解析】确定各项管理体系的流程和措施包括技术措施、组织措施、质量保证措施和安全施工措施等。

4. 主要施工管理计划包括（　　）。

A. 绿色施工管理计划　　　　B. 质量管理计划

C. 安全管理计划　　　　　　D. 防火保安管理计划

E. 安全管理计划

【答案】BC

【解析】主要施工管理计划包括进度管理计划、质量管理计划、安全管理计划、环境管理计划、成本管理计划以及其他管理计划。

5. 施工组织设计的编制的流程包括：（　　）。

A. 组织编制组，明确负责人

B. 收集整理编制依据，并鉴别其完整性和真实性

C. 编制组分工，并明确初稿完成时间

D. 工程施工合同、招标投标文件或相关协议

E. 工程施工合同、招标投标文件或相关协议

【答案】ABC

【解析】施工组织设计的编制的流程：组织编制组，明确负责人；收集整理编制依据，并鉴别其完整性和真实性；编制组分工，并明确初稿完成时间等。

6. 房屋建筑设备安装工程的专项施工方案编制的导向主要是指（　　）的分部或分项工程。

A. 施工安全风险较大　　　　B. 工程规模较大

C. 施工难度较大　　　　　　D. 采用新材料

E. 采用新工艺

【答案】ABCDE

【解析】房屋建筑设备安装工程的专项施工方案编制的导向主要是指：工程规模较大、施工难度较大、施工安全风险较大或采用新材料和新工艺的分部或分项工程。

7. 专项施工方案的内容包括：（　　）。

A. 工程概况

B. 明确各类资源配置数量和要求

C. 编制组分工，并明确初稿完成时间

D. 工程施工合同、招标投标文件或相关文件

E. 新工艺的分部或分项工程

【答案】AB

【解析】专项施工方案的内容：工程概况；明确各类资源配置数量和要求等。

第三章 施工进度计划

一、判断题

1. 施工进度计划是把预期施工完成的工作按时间坐标序列表达出来的书面文件。

【答案】正确

【解析】施工进度计划是把预期施工完成的工作按时间坐标序列表达出来的书面文件。

2. 施工进度计划表达的两种方法：横道图计划和网络计划。

【答案】正确

【解析】施工进度计划表达的两种方法：横道图计划和网络计划。

3. 进度控制的目的是在进度计划预期目标引导下，对实际进度进行合理调节，以使实际进度符合目标要求。

【答案】正确

【解析】进度控制的目的是在进度计划预期目标引导下，对实际进度进行合理调节，以使实际进度符合目标要求。

4. 进度控制就是进行计划、实施、检查、比较分析、确定调整措施、再进行计划的一个循环过程，这个过程属于开环控制过程。

【答案】错误

【解析】进度控制就是进行计划、实施、检查、比较分析、确定调整措施、再进行计划的一个循环过程，这个过程属于闭环控制过程。

5. 影响安装工程进度的因素有建设项目内部和外部两个方面。

【答案】正确

【解析】影响安装工程进度的因素有建设项目内部和外部两个方面。

6. 施工进度计划与实施间发生差异是不寻常现象。

【答案】错误

【解析】施工进度计划与实施间发生差异是经常性的正常现象，采取正确的对策是消除差异的关键。

二、单选题

1. 施工作业进度计划是对单位工程进度计划目标分解后的计划，可按（　　）为单元进行编制。
   A. 单位工程　　　　　　　B. 分项工程或工序
   C. 主项工程　　　　　　　D. 分部工程

【答案】B

【解析】施工作业进度计划是对单位工程进度计划目标分解后的计划，可按分项工程或工序为单元进行编制。

2. 不属于影响进度控制的有（　　）。

A. 动态控制原理　　　　　　　B. 循环原理
C. 静态控制原理　　　　　　　D. 弹性原理

【答案】C

【解析】进度控制受以下原理影响：动态控制原理；系统原理；信息反馈原理；弹性原理；循环原理。

3. 进度计划调整的方法不包括（　　）。
A. 改变作业组织形式
B. 在不违反工艺规律的情况下改变专业或工序衔接关系
C. 修正施工方案
D. 各专业分包单位不能如期履行分包合同

【答案】D

【解析】进度计划调整的方法有：压缩或延长工作持续时间；增强或减弱资源供应强度；改变作业组织形式；在不违反工艺规律的情况下改变专业或工序衔接关系；修正施工方案。

三、多选题

1. 施工进度计划的分类，按机电工程类别分类有（　　）。
A. 给水排水工程进度计划　　　B. 建筑电气工程进度计划
C. 通风与空调工程进度计划　　D. 实施性作业计划
E. 建筑电气工程

【答案】ABC

【解析】施工进度计划的分类，按机电工程类别分类：给水排水工程进度计划、建筑电气工程进度计划、通风与空调工程进度计划、建筑智能化工程进度计划、自动喷水灭火系统工程进度计划等。

2. 施工进度计划的分类，按指导施工时间长短分类有（　　）。
A. 年度计划　　　　　　　　　B. 季度计划
C. 月度计划　　　　　　　　　D. 旬或周计划
E. 总计划

【答案】ABCD

【解析】施工进度计划的分类，按指导施工时间长短分类：有年度计划、季度计划、月度计划、旬或周计划等。

3. 作业计划编制前要对（　　）等做充分的了解，并对执行中可能遇到的问题及其解决的途径提出对策，因而作业计划具有更强的可操作性。
A. 施工现场条件　　　　　　　B. 人力资源配备和物资供应状况
C. 作业面现状　　　　　　　　D. 技术能力情况
E. 资金供给的可能性

【答案】ABCDE

【解析】作业计划编制前要对施工现场条件、作业面现状、人力资源配备、物资供应状况、技术能力情况和资金供给的可能性等做充分的了解，并对执行中可能遇到的问题及其解决的途径提出对策，因而作业计划具有更强的可操作性。

4. 网络图由（　　）基本要素组成。
A. 工作　　　　　　　　　　B. 节点
C. 线路　　　　　　　　　　D. 驻点
E. 直线

【答案】ABC

【解析】网络图由工作、节点、线路三个基本要素组成。

5. 进度控制受以下原理影响：（　　）。
A. 动态控制原理　　　　　　B. 系统原理
C. 静态控制原理　　　　　　D. 信息反馈原理
E. 动态控制原理

【答案】ABD

【解析】进度控制受以下原理影响：动态控制原理；系统原理；信息反馈原理；弹性原理；循环原理。

6. 网络图计划检查方法有：（　　）。
A. 列表比较法　　　　　　　B. 前锋线比较法
C. "香蕉"形曲线比较法　　　D. 图表比较法
E. 节点对比法

【答案】ABC

【解析】网络图计划检查方法：列表比较法；前锋线比较法；"香蕉"形曲线比较法。

7. 影响安装工程进度的因素，建设项目内部包括（　　）。
A. 土建工期的延误
B. 业主资金不到位
C. 意外事件的出现
D. 施工设计图纸不能按计划或施工设计作出重大修改
E. 各专业分包单位不能如期履行分包合同

【答案】ABE

【解析】影响安装工程进度的因素，建设项目内部包括：土建工期的延误；业主资金不到位；施工方法失误；施工组织管理不力；各专业分包单位不能如期履行分包合同。

第四章 环境与职业健康安全管理

一、判断题

1. 施工现场管理的基本要求：采用风险管理的理念，实行组织、识别、控制和信息反馈等各个环节的全方位、全过程的管理。

【答案】正确

【解析】施工现场管理的基本要求：采用风险管理的理念，实行组织、识别、控制和信息反馈等各个环节的全方位、全过程的管理。

2. 施工现场管理的基本要求：在管理实施中坚持"安全第一、预防为主、综合治理"的理念。

【答案】错误

【解析】施工现场管理的基本要求：在管理实施中坚持"以人为本、风险化减、全员参与、管理者承诺、持续改进"的理念。

3. 把目标和承诺依靠组织结构体系分解成层层可操作的活动，并用书面文件说明操作的程序和预期的结果。

【答案】正确

【解析】把目标和承诺依靠组织结构体系分解成层层可操作的活动，并用书面文件说明操作的程序和预期的结果。

4. 环境事故的形成是指非预期的因施工发生事故或者其他突发事件，造成或者可能造成污染的事故。

【答案】正确

【解析】环境事故的形成是指非预期的因施工发生事故或者其他突发事件，造成或者可能造成污染的事故。

5. 对房屋建筑安装工程中产生的环境污染源识别后，应按以下程序采取措施：按照有关标准要求实施对主要环境因素的预防和控制。

【答案】错误

【解析】对房屋建筑安装工程中产生的环境污染源识别后，应按以下程序采取措施：按照有关标准要求实施对重要环境因素的预防和控制。

6. 对施工现场环境条件的识别，从安全控制要求出发，即对施工现场影响安全的危险源识别。

【答案】正确

【解析】对施工现场环境条件的识别，从安全控制要求出发，即对施工现场影响安全的危险源识别。

7. 项目部组织安全、施工、技术等部门人员参加的风险管理组，并邀请有经验的作业人员参加各工序活动的风险进行评估识别。

【答案】正确

【解析】项目部组织安全、施工、技术等部门人员参加的风险管理组，并邀请有经验的作业人员参加各工序活动的风险进行评估识别。

8. 事故类别是根据导致事故发生的起因物和施害物来确定的。

【答案】错误

【解析】事故类别是根据导致事故发生的起因物来确定的，而不是依据施害物来确定的。

9. 事故单位和人员应当妥善保护事故现场和相关证据，任何单位和个人不得破坏事故现场、毁灭相关证据。

【答案】正确

【解析】事故单位和人员应当妥善保护事故现场和相关证据，任何单位和个人不得破坏事故现场、毁灭相关证据。

二、单选题

1. 高空作业要从（　　）入手加强安全管理。
A. 作业人员的身体健康状况和配备必要的防护设施
B. 完备的操作使用规范
C. 需持证上岗的人员
D. 上岗方案的审定

【答案】A

【解析】高空作业要从作业人员的身体健康状况和配备必要的防护设施两方面入手加强安全管理。

2. 施工作业的安全管理重点不包括（　　）。
A. 带电调试作业　　　　　　　B. 管道、设备的试压、冲洗、消毒作业
C. 单机试运转　　　　　　　　D. 双机联动试运转

【答案】D

【解析】施工作业的安全管理重点：高空作业；施工机械机具操作；起重吊装作业；动火作业；在容器内作业；带电调试作业；无损探伤作业；管道、设备的试压、冲洗、消毒作业；单机试运转和联动试运转。

3. 文明施工要求，现场道路设置：消防通道形成环形，宽度不小于（　　）m。
A. 3.9　　　　　　　　　　　　B. 3
C. 2.9　　　　　　　　　　　　D. 3.5

【答案】D

【解析】文明施工要求，现场道路设置：场区道路设置人行通道，且有标识；消防通道形成环形，宽度不小于3.5m；临街处设立围挡；所有临时楼梯有扶手和安全护栏；所有设备吊装区设立警戒线，且标识清晰。

4. 文明施工要求，材料管理不包括（　　）。
A. 库房内材料要分类码放整齐，限宽限高，上架入箱，标识齐全
B. 易燃易爆及有毒有害物品仓库按规定距离单独设立，且远离生活区和施工区，有专人保护

C. 配有消防器材
D. 库房应高大宽敞

【答案】D

【解析】文明施工要求，材料管理：库房内材料要分类码放整齐，限宽限高，上架入箱，标识齐全；库房应保持干燥清洁、通风良好；易燃易爆及有毒有害物品仓库按规定距离单独设立，且远离生活区和施工区，有专人保护；材料堆场场地平整，尽可能作硬化处理，排水通畅，堆场清洁卫生，方便车辆运输；配有消防器材。

5. 文明施工要求，场容管理不包括（　　）。
A. 建立施工保护措施
B. 建立文明施工责任制，划分区域，明确管理负责人
C. 施工地点和周围清洁整齐，做到随时处理、工完场清
D. 施工现场不随意堆垃圾，要按规划地点分类堆放，定期处理，并按规定分类清理

【答案】A

【解析】文明施工要求，场容管理：建立文明施工责任制，划分区域，明确管理负责人；施工地点和周围清洁整齐，做到随时处理、工完场清；严格执行成品保护措施；施工现场不随意堆垃圾，要按规划地点分类堆放，定期清理，并按规定分类处理。

6. 环境事故发生后的处置不包括（　　）。
A. 建立对施工现场环境保护的制度
B. 按应急预案立即采取措施处理，防止事故扩大或发生次生灾害
C. 积极接受事故调查处理
D. 暂停相关施工作业，保护好事故现场

【答案】A

【解析】环境事故发生后的处置：按应急预案立即采取措施处理，防止事故扩大或发生次生灾害；及时通报可能受到污染危害的单位和居民；向企业或工程所在地环境保护行政主管部门或建设行政主管部门报告；暂停相关施工作业，保护好事故现场；积极接受事故调查处理。

7. 对房屋建筑安装工程中产生的环境污染源识别后，应按程序采取措施不包括（　　）。
A. 对确定的重要环境因素制定目标、指标及管理方案
B. 暂不通报可能受到污染危害的单位和居民
C. 明确相关岗位人员和管理人员的职责
D. 建立环境保护信息沟通渠道

【答案】B

【解析】对房屋建筑安装工程中产生的环境污染源识别后，应按以下程序采取措施：对确定的重要环境因素制定目标、指标及管理方案；明确相关岗位人员和管理人员的职责；建立对施工现场环境保护的制度；按照有关标准要求实施对重要环境因素的预防和控制；建立应急准备与相应的管理制度；对分包方及其他相关方提出保护环境的要求及控制措施；实行施工中环境保护要求的交底，可以与技术交底同时进行；建立环境保护信息沟通渠道，实施有效监督，做到施工全过程监控，鼓励社会监督。

8. 在危险源的种类，属于第一种的（　　）。

A. 电能伤害
B. 人的偏离标准要求的不安全行为
C. 环境问题促使人的失误
D. 物的故障发生

【答案】A

【解析】危险源的种类：第一种，是指施工过程中存在的可能发生意外能量释放而造成伤亡事故的能量和危险物质。包括机械伤害、电能伤害、热能伤害、光能伤害、化学物质伤害、放射和生物伤害等；第二种，是指导致能量或危险物质的约束或限制措施被破坏或失效的各种因素包括人的偏离标准要求的不安全行为、由于环境问题促使人的失误或物的故障发生。

9. 风险识别的三种状态不包括（　　）。
A. 正常状态　　　　　　　　　B. 异常状态
C. 紧急状态　　　　　　　　　D. 突然状态

【答案】D

【解析】风险识别的三种状态包括正常状态、异常状态和紧急状态。

10. 风险等级一般分为（　　）级。
A. 六　　　　　　　　　　　　B. 五
C. 七　　　　　　　　　　　　D. 四

【答案】B

【解析】风险等级一般分为五级：Ⅰ级为可忽略的风险；Ⅱ级为可容许的风险；Ⅲ级为中度风险；Ⅳ级为重大风险；Ⅴ级为不容许的风险。

11. 应急预案的主要内容不包括（　　）。
A. 各种救护设施是否齐全有效
B. 可依托的社会力量及其救援和联络程序
C. 应急避险的行动程序，应急预案的培训程序
D. 发生事故时应采取的有效措施

【答案】A

【解析】应急预案的主要内容：应急组织和相应的职责；可依托的社会力量及其救援和联络程序；内部、外部信息沟通方式；发生事故时应采取的有效措施；应急避险的行动程序，应急预案的培训程序。

12. 起因物是（　　）。
A. 指直接引起中毒的物体或物质
B. 导致事故发生的物体和物质
C. 指直接引起伤害及中毒的物体或物质
D. 导致伤害发生的物体和物质

【答案】B

【解析】起因物是导致事故发生的物体和物质，施害物是指直接引起伤害及中毒的物体或物质。事故类别是根据导致事故发生的起因物来确定的，而不是依据施害物来确定的。

13. 施害物是（　　）。
    A. 指直接引起中毒的物体或物质
    B. 导致事故发生的物体和物质
    C. 指直接引起伤害及中毒的物体或物质
    D. 导致伤害发生的物体和物质

【答案】C

【解析】起因物是导致事故发生的物体和物质，施害物是指直接引起伤害及中毒的物体或物质。事故类别是根据导致事故发生的起因物来确定的，而不是依据施害物来确定的。

14. 轻伤事故，在逐级报告的同时，项目部填写"伤亡事故登记表"一式两份，报企业安全管理部门一份，项目部自存一份，通报时间最迟不能晚于事故发生后（　　）小时。
    A. 36   B. 24
    C. 12   D. 48

【答案】B

【解析】轻伤事故，在逐级报告的同时，项目部填写"伤亡事故登记表"一式两份，报企业安全管理部门一份，项目部自存一份，通报时间最迟不能晚于事故发生后 24 小时。

15. 不属于报告事故应该包括的内容（　　）。
    A. 事故发生单位概况
    B. 事故发生的时间、地点以及事故现场的情况
    C. 进行补救的措施
    D. 其他应当报告的情况

【答案】C

【解析】报告事故应该包括的内容：事故发生单位概况；事故发生的时间、地点以及事故现场的情况；事故的简要经过；已采取的措施；其他应当报告的情况；事故发生新情况的，应当及时补报。

16. 自事故发生之日起（　　）日内，事故造成的伤亡人数发生变化的，应当及时补报。
    A. 20   B. 30
    C. 14   D. 7

【答案】B

【解析】自事故发生之日起 30 日内，事故造成的伤亡人数发生变化的，应当及时补报。

17. 交通事故、火灾事故自发生之日起（　　）日内，事故造成的伤亡人数发生变化的，应当及时补报。
    A. 20   B. 30
    C. 14   D. 7

【答案】D

【解析】交通事故、火灾事故自发生之日起 7 日内，事故造成的伤亡人数发生变化的，

应当及时补报。

18. 不属于事故主要原因（　　）。
A. 没有安全规范或不健全　　B. 技术和设计上有缺陷
C. 不懂操作技术知识　　D. 违反操作规程或劳动纪律

【答案】A

【解析】事故主要原因包含：防护、保险、信号等装置缺乏或有缺陷；设备、工具、附件有缺陷；个人劳动防护用品、用具缺乏或有缺陷；光线不足或工作地点及通道情况不良；没有安全操作规程或不健全；劳动组织不合理；对现场工作缺乏检查或指挥有错误；技术和设计上有缺陷；不懂操作技术知识；违反操作规程或劳动纪律。

三、多选题

1. 项目经理负有（　　）的责任。
A. 建立管理体系　　B. 提出目标或确定目标
C. 建立完善体系文件责任　　D. 在实施中进行持续改进
E. 建立施工方案

【答案】ABCD

【解析】项目经理是职业健康安全环境风险管理组的第一责任人，负有建立管理体系、提出目标或确定目标、建立完善体系文件的责任，并在实施中进行持续改进。

2. 管道、设备的试压、冲洗、消毒作业要从（　　）等方面入手加强安全管理。
A. 完善施工方案　　B. 危险区域标识清楚
C. 指示仪表正确有效　　D. 个人防护用品齐全
E. 指示标志错误

【答案】ABCD

【解析】管道、设备的试压、冲洗、消毒作业要从完善施工方案、危险区域标识清楚、指示仪表正确有效、个人防护用品齐全等方面入手加强安全管理。

3. 文明施工要求，现场道路设置：（　　）。
A. 所有设备吊装区设立警戒线，且标识清晰
B. 临街处设立围挡
C. 场区道路设置及时救治器具
D. 场区道路设置人行通道
E. 所有临时楼梯有扶手和安全护栏

【答案】ABDE

【解析】文明施工要求，现场道路设置：场区道路设置人行通道，且有标识；消防通道形成环形，宽度不小于3.5m；临街处设立围挡；所有临时楼梯有扶手和安全护栏；所有设备吊装区设立警戒线，且标识清晰。

4. 对房屋建筑安装工程中产生的环境污染源识别后，应按以下程序采取措施：（　　）。
A. 对确定的重要环境因素制定目标、指标及管理方案
B. 明确相关岗位人员和管理人员的职责
C. 及时通报可能受到污染危害的单位和居民

D. 建立对施工现场环境保护的制度

E. 建立环境保护信息沟通渠道，实施有效监督，做到施工全过程监控，鼓励社会监督

【答案】ABDE

【解析】对房屋建筑安装工程中产生的环境污染源识别后，应按以下程序采取措施：对确定的重要环境因素制定目标、指标及管理方案；明确相关岗位人员和管理人员的职责；建立对施工现场环境保护的制度；按照有关标准要求实施对重要环境因素的预防和控制；建立应急准备与相应的管理制度；对分包方及其他相关方提出保护环境的要求及控制措施；实行施工中环境保护要求的交底，可以与技术交底同时进行；建立环境保护信息沟通渠道，实施有效监督，做到施工全过程监控，鼓励社会监督。

5. 施工现场危险源的范围（　　）。

A. 所进入施工现场人员的活动

B. 工作场所

C. 作业环境

D. 项目部使用的相关方使用的施工机械设备

E. 作业人员的劳动强度

【答案】ABCDE

【解析】施工现场危险源的范围：工作场所；所进入施工现场人员的活动；项目部使用的和相关方使用的施工机械设备；临时用电设施和消防设施等；作业环境；作业人员的劳动强度；其他特殊的作业状况。

6. 应急反应的实施原则（　　）。

A. 避免伤亡

B. 保护人员不受伤害

C. 避免或降低环境污染

D. 保护设备、设施或其他财产避免和减少损失

E. 应急避险的行动程序，应急预案的培训程序

【答案】ABCD

【解析】应急反应的实施原则：避免伤亡；保护人员不受伤害；避免或降低环境污染；保护设备、设施或其他财产避免和减少损失。

7. 工伤事故类别确定原则（　　）。

A. 要着重考虑导致事故发生的起因物方面因素

B. 一次事故中同时存在两个或两个以上直接原因，应以先发的、诱导性的原因作为确定事故类别的主要依据

C. 突出事故的专业特性

D. 中出事故发生的起因物

E. 突出事故的性质

【答案】ABC

【解析】工伤事故类别确定原则：要着重考虑导致事故发生的起因物方面因素；一次事故中同时存在两个或两个以上直接原因，应以先发的、诱导性的原因作为确定事故类别

的主要依据；突出事故的专业特性。

8. 事故直接原因包含（　　）。
A. 机械、物质或环境的不安全状态
B. 人的不安全行为
C. 技术和设计上的缺陷
D. 教育培训不够或未经培训，缺乏或不懂安全技术知识
E. 技术缺陷

【答案】AB

【解析】事故直接原因包含：机械、物质或环境的不安全状态；人的不安全行为。

第五章 工程质量管理

一、判断题

1. 质量好坏和高低是根据产品所具备的质量特性能否满足人们需求及满足程度来衡量的。

【答案】正确

【解析】质量好坏和高低是根据产品所具备的质量特性能否满足人们需求及满足程度来衡量的。

2. 事后对影响施工项目质量的要素严加控制,是保证以后施工项目质量的关键。

【答案】错误

【解析】影响施工项目质量的要素有五大方面,即4M1E,指人、材料、机械、方法和环境,事前对这五方面的因素严加控制,是保证施工项目质量的关键。

3. 施工项目质量控制的方法,主要是审核有关技术文件、报告和直接进行现场检查或必要的试验等。

【答案】正确

【解析】施工项目质量控制的方法,主要是审核有关技术文件、报告和直接进行现场检查或必要的试验等。

4. 每个质量控制具体方法本身也有一个持续改进的课题,这就要有计划、实施、检查、改进循环原理,在实践中使质量控制得到不断提高。

【答案】正确

【解析】每个质量控制具体方法本身也有一个持续改进的课题,这就要有计划、实施、检查、改进循环原理,在实践中使质量控制得到不断提高。

5. 质量控制点的关键部位是施工方法。

【答案】错误

【解析】质量控制点是指为了保证工序质量而需要进行控制的重点,或关键部位,后薄弱环节,以便在一定期限内、一定条件下进行强化管理,是工序处于良好的控制状态。从定义可知,关键部位是对工程实体而言,薄弱环节主要指作业行为或施工方法。

6. 检验点是个特殊的点,即这道工序未作检验,并尚未断定合格与否,是不是进行下道工序的,只有得出结论为合格者才可以进入下道工序。

【答案】错误

【解析】停止点是个特殊的点,即这道工序未作检验,并尚未断定合格与否,是不是进行下道工序的,只有得出结论为合格者才可以进入下道工序。

7. 发生质量事故基本上是违反了施工质量验收规范的主控项目的规定,而一般的质量缺陷基本上是违反了施工质量验收规范中的一般项目的有关观感的规定。

【答案】正确

【解析】发生质量事故基本上是违反了施工质量验收规范的主控项目的规定,而一般的质量缺陷基本上是违反了施工质量验收规范中的一般项目的有关观感的规定。

8. 要做好现场应急保护措施，防止因质量事故而引起更严重次生灾害而扩大损失，待有事故结论后进行处理。

【答案】正确

【解析】要做好现场应急保护措施，防止因质量事故而引起更严重次生灾害而扩大损失，待有事故结论后进行处理。

二、单选题

1. 产品分为（　　）。
   A. 有形产品和无形产品　　　　　B. 概念产品和实体产品
   C. 明确产品和隐含产品　　　　　D. 概念产品和无形产品

【答案】A

【解析】产品分为有形产品和无形产品。

2. 质量策划是指（　　）。
   A. 致力于增强满足质量要求的能力
   B. 致力于制定质量目标并规定必要的运行工程和相关资源以实现质量目标
   C. 致力于满足质量要求
   D. 致力于提供质量要求会得到满足的信任

【答案】B

【解析】质量策划是指致力于制定质量目标并规定必要的运行工程和相关资源以实现质量目标。

3. 质量控制是指（　　）。
   A. 致力于满足质量要求
   B. 致力于制定质量目标并规定必要的运行工程和相关资源以实现质量目标
   C. 致力于增强满足质量要求的能力
   D. 致力于提供质量要求会得到满足的信任

【答案】A

【解析】质量控制是指致力于满足质量要求。

4. 质量改进是指（　　）。
   A. 致力于增强满足质量要求的能力
   B. 致力于满足质量要求
   C. 致力于制定质量目标并规定必要的运行工程和相关资源以实现质量目标
   D. 致力于提供质量要求会得到满足的信任

【答案】A

【解析】质量改进是指致力于增强满足质量要求的能力。

5. 不属于施工项目质量管理的特点（　　）。
   A. 贯彻科学、公正、守法的职业规范　　B. 影响质量的因素多
   C. 质量检查不能解体、拆卸　　　　　　D. 易产生第一、第二判断错误

【答案】A

【解析】施工项目质量管理的特点：影响质量的因素多；容易产生质量变异；易产生第一、第二判断错误；质量检查不能解体、拆卸；质量易受投资、进度制约。

6. 不属于施工项目质量管理的原则（　　）。
   A. 贯彻科学、公正、守法的职业规范
   B. 一人为核心，以预防为主
   C. 坚持质量标准、严格检查，一切用数据说话
   D. 质量易受投资、进度制约

【答案】D

【解析】施工项目质量管理的原则：坚持质量第一，用户至上；一人为核心；以预防为主；坚持质量标准、严格检查，一切用数据说话；贯彻科学、公正、守法的职业规范。

7. 事前质量控制指在正式施工前的质量控制，其控制重点是（　　）。
   A. 全面控制施工过程，重点工序质量
   B. 做好施工准备工作，且施工准备工作要贯穿施工全过程中
   C. 工序交接有对策
   D. 质量文件有档案

【答案】B

【解析】事前质量控制指在正式施工前的质量控制，其控制重点是做好施工准备工作，且施工准备工作要贯穿施工全过程中。

8. 事中质量控制的策略是（　　）。
   A. 全面控制施工过程，重点控制工序质量
   B. 做好施工准备工作，且施工准备工作要贯穿施工全过程中
   C. 工序交接有对策
   D. 质量文件有档案

【答案】A

【解析】事中质量控制的策略是：全面控制施工过程，重点控制工序质量。

9. 技术准备包括（　　）。
   A. 控制网、水准点、标桩的测量，"五通一平"，生产、生活临时设施等准备
   B. 建立项目组织机构，集结施工队伍，对施工人员进行入场教育等
   C. 建筑材料准备，构配件和制品加工准备，施工机具准备，生产工艺设备的准备等
   D. 项目扩大初步设计方案的审查，熟悉和审查项目的施工图纸，项目建设地点自然条件、技术经济条件调查分析，编制项目施工图预算和施工预算，编制项目施工组织设计等

【答案】D

【解析】技术准备包括项目扩大初步设计方案的审查，熟悉和审查项目的施工图纸，项目建设地点自然条件、技术经济条件调查分析，编制项目施工图预算和施工预算，编制项目施工组织设计等。

10. 组织准备包括（　　）。
    A. 项目扩大初步设计方案的审查，熟悉和审查项目的施工图纸，项目建设地点自然条件、技术经济条件调查分析，编制项目施工图预算和施工预算，编制项目施工组织设

计等

　　B. 建立项目组织机构，集结施工队伍，对施工人员进行入场教育等

　　C. 控制网、水准点、标桩的测量，"五通一平"，生产、生活临时设施等准备

　　D. 建筑材料准备，构配件和制品加工准备，施工机具准备，生产工艺设备的准备等

【答案】B

【解析】组织准备包括建立项目组织机构，集结施工队伍，对施工人员进行入场教育等。

11. 施工现场准备包括（　　）。

　　A. 项目扩大初步设计方案的审查，熟悉和审查项目的施工图纸，项目建设地点自然条件、技术经济条件调查分析，编制项目施工图预算和施工预算，编制项目施工组织设计等

　　B. 控制网、水准点、标桩的测量，"五通一平"，生产、生活临时设施等准备

　　C. 建立项目组织机构，集结施工队伍，对施工人员进行入场教育等

　　D. 建筑材料准备，构配件和制品加工准备，施工机具准备，生产工艺设备的准备等

【答案】B

【解析】施工现场准备包括控制网、水准点、标桩的测量，"五通一平"，生产、生活临时设施等准备。

12. 施工项目质量控制主要的方法不包含（　　）。

　　A. 审核有关技术文件　　　　　　B. 报告和直接进行现场检查

　　C. 必要的试验　　　　　　　　　D. 开工前检查

【答案】D

【解析】施工项目质量控制的方法，主要是审核有关技术文件、报告和直接进行现场检查或必要的试验等。

13. 现场质量检查的内容不包括（　　）。

　　A. 开工前检查　　　　　　　　　B. 工序交接检查

　　C. 隐蔽工程检查　　　　　　　　D. 审核有关技术文件

【答案】D

【解析】现场质量检查的内容：开工前检查；工序交接检查；隐蔽工程检查；停工后复工的检查；分项、分部工程完工后，应经检查认可，签署验收记录；成品保护检查。

14. 现场进行质量检查的方法有（　　）。

　　A. 看、摸、敲、照四个字　　　　B. 目测法、实测法和试验检查三种

　　C. 靠、吊、量、套四个字　　　　D. 计划、实施、检查和改进

【答案】B

【解析】现场进行质量检查的方法有目测法、实测法和试验检查三种。

15. 实测法，实测检查法的手段可归纳为（　　）。

　　A. 看、摸、敲、照四个字　　　　B. 目测法、实测法和试验法三种

　　C. 靠、吊、量、套四个字　　　　D. 计划、实施、检查和改进

【答案】C

【解析】实测法，实测检查法的手段可归纳为靠、吊、量、套四个字。

16. 每一个质量控制具体方法本身也有一个持续改进的课题,就要用(　　)循环原理,在实践中使质量控制得到不断提高。

　　A. 看、摸、敲、照四个字　　　　　B. 目测法、实测法和试验法三种

　　C. 靠、吊、量、套四个字　　　　　D. 计划、实施、检查和改进

【答案】D

【解析】每一个质量控制具体方法本身也有一个持续改进的课题,就要用计划、实施、检查、改进循环原理,在实践中使质量控制得到不断提高。

17. 建筑安装工程施工过程中质量检查实行三检制,是指(　　)。

　　A. 作业人员的"自检"和专职质量员的"专检"、"互检"相结合的检查制度

　　B. 作业人员的"自检"、"互检"和专职质量员的"专检"相结合的检查制度

　　C. 作业人员的"互检"、"专检"和专职质量员的"自检"相结合的检查制度

　　D. 作业人员的"自检"、"互检"和"专检"相结合的检查制度

【答案】B

【解析】建筑安装工程施工过程中质量检查实行三检制,是指作业人员的"自检"、"互检"和专职质量员的"专检"相结合的检查制度,是确保施工质量行之有效的检验方法。

18. 质量事故是(　　)。

　　A. 由于工程质量不符合标准规定,而引起或造成规定数额以上的经济损失、导致工期严重延误,或造成人身设备安全事故、影响使用功能

　　B. 施工质量不符合标准规定,直接经济损失也没有超过额度,不影响使用功能和工程结构安全的,也不会有永久性不可弥补损失

　　C. 施工质量不符合标准规定,直接经济损失也没有超过额度,影响使用功能和工程结构安全的,也不会有永久性不可弥补损失

　　D. 由于工程质量符合标准规定,而引起或造成规定数额以上的经济损失、导致工期严重延误,或造成人身设备安全事故、影响使用功能

【答案】A

【解析】质量事故是由于工程质量不符合标准规定,而引起或造成规定数额以上的经济损失、导致工期严重延误,或造成人身设备安全事故、影响使用功能。

19. 质量事故的处理方式不包括(　　)。

　　A. 返工处理　　　　　　　　　　　B. 返修处理

　　C. 报废处理　　　　　　　　　　　D. 形成事故质量报告

【答案】D

【解析】质量事故的处理方式:返工处理;返修处理;限制使用;不作处理;报废处理。

三、多选题

1. 产品质量具有相对性表现在(　　)。

　　A. 产品本身具有许多性质

　　B. 对有关产品所规定的要求及标准、规定等因时而异,会随时间、条件而变化

C. 满足期望的程度由于用户需求程度不同,因人而异
D. 人的选择性
E. 制定质量方针和质量目标

【答案】BC

【解析】产品质量具有相对性,一方面对有关产品所规定的要求及标准、规定等因时而异,会随时间、条件而变化;另一方面满足期望的程度由于用户需求程度不同,因人而异。

2. 属于 ISO/TC 176 整理并编撰八项质量管理原则(　　)。
A. 以顾客为关注焦点　　　B. 领导作用
C. 全员参与　　　D. 过程方法
E. 基于事实的决策方法

【答案】ABCDE

【解析】ISO/TC 176 整理并编撰八项质量管理原则:以顾客为关注焦点;领导作用;全员参与;过程方法;管理的系统方法;持续改进;基于事实的决策方法;与供方互利的关系。

3. 施工项目质量管理的原则(　　)。
A. 坚持质量第一,用户至上　　　B. 一人为核心
C. 质量检查不能解体、拆卸　　　D. 质量易受投资、进度制约
E. 以预防为主

【答案】ABE

【解析】施工项目质量管理的原则:坚持质量第一,用户至上;一人为核心;以预防为主;坚持质量标准、严格检查,一切用数据说话;贯彻科学、公正、守法的职业规范。

4. 影响质量的因素控制包括(　　)。
A. 人的控制　　　B. 材料控制
C. 机械控制　　　D. 事前控制
E. 环境控制

【答案】ABCE

【解析】影响质量的因素控制,包括人的控制、材料控制、机械控制、方法控制、环境控制。

5. 工程质量控制包括(　　)。
A. 预算质量控制　　　B. 事前质量控制
C. 事中质量控制　　　D. 事后质量控制
E. 设计质量控制

【答案】BCD

【解析】工程质量控制工程分为事前、事中和事后质量控制三个阶段。

6. 现场质量检查的内容(　　)。
A. 工序交接检查　　　B. 开工前检查
C. 隐蔽工程检查　　　D. 停工后复工前的检查
E. 图纸会审有记录

【答案】ABCD

【解析】 现场质量检查的内容：开工前检查；工序交接检查；隐蔽工程检查；停工后复工前的检查；分项、分部工程完工后，应经检查认可，签署验收记录；产品保护检查。

7. 质量事故的处理程序包括（ ）。

A. 事故报告　　　　　　　　　B. 现场保护
C. 事故调查　　　　　　　　　D. 编写质量事故调查报告
E. 形成事故处理报告

【答案】ABCDE

【解析】 质量事故的处理程序包括：事故报告；现场保护；事故调查；编写质量事故调查报告；形成事故处理报告。

第六章 成本管理基本知识

一、判断题

1. 企业的成本管理责任体系包括两个方面：一是企业管理层；二是施工管理层。

【答案】 错误

【解析】 企业的成本管理责任体系包括两个方面：一是企业管理层，其管理从投标开始止于结算的全过程，着眼于体现效益中心的管理职能；二是项目管理层，其管理以企业确定的施工成本为目标，体现现场生产成本控制中心的管理职能。

2. 管理目的是要在保证工期、质量安全的前提下，采取相应的管理措施，把成本控制在计划范围内，并进一步寻求最大程度的成本降低途径，力争成本费用最小化。

【答案】 正确

【解析】 管理目的是要在保证工期、质量安全的前提下，采取相应的管理措施，把成本控制在计划范围内，并进一步寻求最大程度的成本降低途径，力争成本费用最小化。

3. 计划成本与承包成本比较即可判定项目的盈亏情况。

【答案】 错误

【解析】 实际成本是施工项目承建所承包工程实际发生的各项生产费用的总和，实际成本与承包成本比较即可判定项目的盈亏情况。

4. 成本管理的基本程序就是宏观上成本控制必须做到的六个环节或六个方面。

【答案】 正确

【解析】 成本管理的基本程序就是宏观上成本控制必须做到的六个环节或六个方面：成本预测；成本计划；成本控制；成本核算；成本分析；成本考核。

5. 成本计划是进行成本控制活动的基础。

【答案】 正确

【解析】 成本计划是在预测的基础上，以货币形式编制的在工程施工计划期内的生产费用、成本水平和成本降低率，以及为降低成本采取的主要措施和规范的书面文件，是该工程降低成本的指导性文件，是进行成本控制活动的基础。

6. 成本考核目的在于贯彻落实责权利相结合原则，根据成本控制活动的业绩给予责任者奖励或处罚，促进企业成本管理、成本控制健康发展。

【答案】 正确

【解析】 成本考核目的在于贯彻落实责权利相结合原则，根据成本控制活动的业绩给予责任者奖励或处罚，促进企业成本管理、成本控制健康发展。

7. 施工阶段是项目成本发生的主要阶段，也是成本控制的重点阶段。

【答案】 正确

【解析】 成本的控制活动方法：施工阶段是项目成本发生的主要阶段，也是成本控制的重点阶段，控制的对象包括：通过劳务合同进行人工费的控制；通过定额管理和计量管理进行材料用量的控制；通过掌握市场信息，采用招标、询价等方式控制材料、设备的采购价格等。

二、单选题

1. 项目管理层是（　　）。
   A. 其管理以企业确定的项目成本为目标，体现现场生产成本控制中心的监理职能
   B. 其管理从投标开始止于结算的全过程，着眼于体现效益中心的监督职能
   C. 其管理从投标开始止于结算的全过程，着眼于体现效益中心的管理职能
   D. 其管理以企业确定的施工成本为目标，体现现场生产成本控制中心的管理职能

【答案】D

【解析】企业的成本管理责任体系包括两个方面：一是企业管理层，其管理从投标开始止于结算的全过程，着眼于体现效益中心的管理职能；二是项目管理层，其管理以企业确定的施工成本为目标，体现现场生产成本控制中心的管理职能。

2. 企业管理层是（　　）。
   A. 其管理从投标开始止于结算的全过程，着眼于体现效益中心的管理职能
   B. 其管理以企业确定的施工成本为目标，体现现场生产成本控制中心的管理职能
   C. 其管理以企业确定的项目成本为目标，体现现场生产成本控制中心的监理职能
   D. 其管理从投标开始止于结算的全过程，着眼于体现效益中心的监督职能

【答案】A

【解析】企业的成本管理责任体系包括两个方面：一是企业管理层，其管理从投标开始止于结算的全过程，着眼于体现效益中心的管理职能；二是项目管理层，其管理以企业确定的施工成本为目标，体现现场生产成本控制中心的管理职能。

3. 实际成本是（　　）。
   A. 施工项目承建所承包工程实际发生的各项生产费用的总和
   B. 指为施工准备、组织管理施工作业而发生的费用支出，这些设计施工生产必须发生的
   C. 指施工过程中耗费的为构成工程实体或有助于过程工程实体形成的各项费用支出的和
   D. 施工项目承建所承包工程预计发生的各项生产费用的总和

【答案】A

【解析】实际成本是施工项目承建所承包工程实际发生的各项生产费用的总和，实际成本与承包成本比较即可判定项目的盈亏情况。

4. 间接成本是（　　）。
   A. 指为施工准备、组织管理施工作业而发生的费用支出，这些是施工生产必须发生的
   B. 指为施工准备、组织管理施工作业而发生的费用收入，这些是施工生产必须发生的
   C. 施工项目承建所承包工程实际发生的各项生产费用的总和
   D. 施工项目承建所承包工程预计发生的各项生产费用的总和

【答案】A

【解析】间接成本是指为施工准备、组织管理施工作业而发生的费用支出，这些是施工生产必须发生的，包括管理人员的工资、奖金和津贴、办公费、交通费等。

5. 属于间接成本是（　　）。
   A. 人工费　　　　　　　　　　B. 材料费
   C. 交通费　　　　　　　　　　D. 施工机械使用费

【答案】C

【解析】间接成本是指为施工准备、组织管理施工作业而发生的费用支出，这些是施工生产必须发生的，包括管理人员的工资、奖金和津贴、办公费、交通费等。

6. 预算成本是（　　）。
   A. 又称项目承包成本，其加上项目企业期望利润后，即为项目经理的责任成本目标值
   B. 指施工过程中耗费的为构成工程实体或有助于过程工程实体形成的各项费用支出的和
   C. 施工项目承建所承包工程实际发生的各项生产费用的总和
   D. 项目经理在承包成本扣除预期成本计划降低额后的成本额

【答案】A

【解析】预算成本又称项目承包成本，其加上项目企业期望利润后，即为项目经理的责任成本目标值。

7. 实际成本是（　　）。
   A. 又称项目承包成本，其加上项目企业期望利润后，即为项目经理的责任成本目标值
   B. 指施工过程中耗费的为构成工程实体或有助于过程工程实体形成的各项费用支出的和
   C. 施工项目承建所承包工程实际发生的各项生产费用的总和
   D. 项目经理在承包成本扣除预期成本计划降低额后的成本额

【答案】C

【解析】实际成本是施工项目承建所承包工程实际发生的各项生产费用的总和，实际成本与承包成本比较即可判定项目的盈亏情况。

8. 施工成本分类的方法，按成本发生的时间划分为（　　）。
   A. 抽象成本和实体成本　　　　B. 直接成本和间接成本
   C. 预算成本、计划成本和实际成本　　D. 固定成本和变动成本

【答案】C

【解析】施工成本分类的方法，按成本发生的时间划分预算成本、计划成本和实际成本。

9. 施工成本分类的方法，按生产费用和工程量的关系划分为（　　）。
   A. 抽象成本和实体成本　　　　B. 直接成本和间接成本
   C. 预算成本、计划成本和实际成本　　D. 固定成本和变动成本

【答案】D

【解析】施工成本分类的方法，按生产费用和工程量的关系划分为固定成本和变动

成本。

10. 变动成本是（　　）。

A. 指在一定期间和一定的工程量范围内，成本额不受工程量增减变动的影响而相对固定的成本

B. 指为施工准备、组织管理施工作业而发生的费用支出，这些设计施工生产必须发生的

C. 施工项目承建所承包工程实际发生的各项生产费用的总和

D. 指成本发生总额随着工程量的增减变动而成正比例变动的费用

【答案】D

【解析】变动成本是指成本发生总额随着工程量的增减变动而成正比例变动的费用，如材料费和人工费。

11. 成本计划是（　　）。

A. 在预测的基础上，以货币的形式编制的在工程施工计划期内的生产费用、成本水平和成本降低率，以及为降低成本采取的主要措施和规范的书面文件

B. 把生产费用正确地归集到承担的客体

C. 指在施工活动中对影响成本的因素进行加强管理

D. 指把费用归集到核算的对象账上

【答案】A

【解析】成本计划是在预测的基础上，以货币形式编制的在工程施工计划期内的生产费用、成本水平和成本降低率，以及为降低成本采取的主要措施和规范的书面文件，是该工程降低成本的指导性文件，是进行成本控制活动的基础。

12. 成本核算是（　　）。

A. 把生产费用正确地归集到承担的客体

B. 在预测的基础上，以货币的形式编制的在工程施工计划期内的生产费用、成本水平和成本降低率，以及为降低成本采取的主要措施和规范的书面文件

C. 指在施工活动中对影响成本的因素进行加强管理

D. 指在项目管理中对影响成本的因素进行加强管理

【答案】A

【解析】成本核算就是把生产费用正确地归集到承担的客体，也就是说把费用归集到核算的对象账上，是反映实际发生的施工费用额度，成本核算的结果反映了成本控制的效果。

13. 工程的承包合同主要指（　　）。

A. 预算收入为基本控制目标　　　　B. 成本控制的指导性文件
C. 实际成本发生的重要信息来源　　D. 施工成本计划

【答案】A

【解析】工程的承包合同主要指预算收入为基本控制目标。

14. 施工成本计划是（　　）。

A. 预算收入为基本控制目标　　　　B. 成本控制的指导性文件
C. 实际成本发生的重要信息来源　　D. 施工成本计划

【答案】B

【解析】施工成本计划是成本控制的指导性文件。

15. 进度统计报告是（　　）。
    A. 预算收入为基本控制目标
    B. 成本控制的指导性文件
    C. 实际成本发生的重要信息来源
    D. 施工成本计划

【答案】C

【解析】进度统计报告是实际成本发生的重要信息来源，是对比分析的关键材料。

三、多选题

1. 施工成本包括（　　）。
   A. 消耗的原材料、辅助材料、外购件等的费用
   B. 施工机械的台班费或租赁费
   C. 支付给生产工人的工资、奖金、工资性津贴等
   D. 因组织施工而发生的组织和管理费用
   E. 周转材料的摊销费或租赁费

【答案】ABCD

【解析】施工成本是指在工程项目施工过程所发生的全部生产费用的总和。包括：消耗的原材料、辅助材料、外购件等的费用，也包括周转材料的摊销费或租赁费；施工机械的台班费或租赁费；支付给生产工人的工资、奖金、工资性津贴等；因组织施工而发生的组织和管理费用。

2. 管理环节主要有（　　）。
   A. 施工成本预测
   B. 施工成本计划
   C. 施工成本控制
   D. 施工成本核算
   E. 施工成本考核

【答案】ABCDE

【解析】管理环节主要有施工成本预测、施工成本计划、施工成本控制、施工成本核算、施工成本分析和施工成本考核六个方面。

3. 固定成本包含（　　）。
   A. 折旧费
   B. 管理人员的工资
   C. 材料费
   D. 人工费
   E. 技术费

【答案】AB

【解析】固定成本是指在一定期间和一定的工程量范围内，成本额不受工程量增减变动的影响而相对固定的成本，如折旧费和管理人员的工资。

4. 成本管理的基本程序包括（　　）。
   A. 成本计划
   B. 成本预测
   C. 成本控制
   D. 成本分析
   E. 成本考核

【答案】ABCDE

【解析】成本管理的基本程序就是宏观上成本控制必须做到的六个环节或六个方面：成本预测；成本计划；成本控制；成本核算；成本分析；成本考核。

5. 成本的控制活动依据（   ）。

A. 工程的承包合同   B. 进度统计报告
C. 施工成本计划   D. 规范变更
E. 工程变更

【答案】ABCE

【解析】成本的控制活动依据：工程的承包合同；施工成本计划；进度统计报告；工程变更。

6. 成本的控制活动要求（   ）。

A. 要按照计划成本目标值来控制物资采购价格，并做好物资进场验收工作，确保质量
B. 注意工程变更等的动态因素影响
C. 增强项目管理人员和全体员工的成本意识和控制能力
D. 通过劳务合同进行人工费的控制
E. 加强施工管理

【答案】ABC

【解析】成本的控制活动要求：要按照计划成本目标值来控制物资采购价格，并做好物资进场验收工作，确保质量；注意工程变更等的动态因素影响；增强项目管理人员和全体员工的成本意识和控制能力等。

7. 成本的控制的对象包括（   ）。

A. 通过劳务合同进行人工费的控制
B. 通过施工管理进行材料用量的控制
C. 通过掌握市场信息，采用招标、询价等方式控制材料、设备的采购价格
D. 注意工程变更等的动态因素影响
E. 通过定额管理和计量管理进行材料用量的控制

【答案】ACE

【解析】成本的控制活动方法：施工阶段是项目成本发生的主要阶段，也是成本控制的重点阶段，控制的对象包括：通过劳务合同进行人工费的控制；通过定额管理和计量管理进行材料用量的控制；通过掌握市场信息，采用招标、询价等方式控制材料、设备的采购价格等。

第七章 常用的施工机具

一、判断题

1. 汽车式起重机具有机动性能好、运行速度快、转移方便等优点。

【答案】正确

【解析】汽车式起重机具有机动性能好、运行速度快、转移方便等优点，在完成较分散的起重机作业时工作效率突出。

2. 电动卷扬机的种类按起重量分有0.5t、1t、2t、3t、4t、5t、10t、20t等。

【答案】错误

【解析】电动卷扬机的种类按卷筒形式有单筒、双筒两种；按传动形式分有可逆减速箱式和摩擦离合器式；按起重量分有0.5t、1t、2t、3t、5t、10t、20t、32t等。

3. 麻绳一般有三股、五股和九股三种。

【答案】错误

【解析】麻绳一般有三股、四股和九股三种，常用的分为白棕绳、混合麻绳和线麻绳三种，其中以白棕绳的质量为优，使用较为普遍。

4. 穿钢丝绳的滑轮边缘不得有破裂，以防损坏钢丝绳，滑轮绳槽直径比绳径大10～20mm，绳槽直径过大，绳易被拉扁，过小则易磨损。

【答案】错误

【解析】穿钢丝绳的滑轮边缘不得有破裂，以防损坏钢丝绳，滑轮绳槽直径比绳径大1～2mm，绳槽直径过大，绳易被拉扁，过小则易磨损。

5. 滑轮组起吊重物时，定滑轮和动滑轮间距不应小于滑轮直径的6倍。

【答案】错误

【解析】滑轮组起吊重物时，定滑轮和动滑轮间距不应小于滑轮直径的5倍。

6. 直流焊机分为磁放大器式、整流式和旋转直流弧焊发电式三大类

【答案】错误

【解析】直流焊机分为整流式和旋转直流弧焊发电式两大类。整流式分为磁放大器式、动铁式、动圈式、可控硅整流式、晶体管式、多站式等。

7. 试压泵有电动和手动的两类，但泵的泵体都属于柱塞式泵。

【答案】正确

【解析】给水管安装后都要用试压泵做强度和严密性实验，试压泵有电动和手动的两类，系统大的用电动的可省时省力，系统小的用手动的易于控制。但泵的泵体都属于柱塞式泵。

二、单选题

1. 导轨架的作用是（　　）。

A. 按一定间距连接导轨架与建筑物或其他固定结构，用以支撑导轨架，使导轨架直

立、可靠、稳固

　　B. 为防护吊笼离开底层基础平台后

　　C. 用以支承和引导吊笼、对重等装置运行，使运行方向保持垂直

　　D. 用以运载人员或货物，并有驾驶室，内设操控系统

【答案】C

【解析】导轨架的作用是用以支承和引导吊笼、对重等装置运行，使运行方向保持垂直。

2. 防护围栏的作用是（　　）。

　　A. 按一定间距连接导轨架与建筑物或其他固定结构，用以支撑导轨架，使导轨架直立、可靠、稳固

　　B. 为防止吊笼离开底层基础平台后

　　C. 用以支承和引导吊笼、对重等装置运行，使运行方向保持垂直

　　D. 用以运载人员或货物，并有驾驶室，内设操控系统

【答案】B

【解析】附墙架的作用是为防止吊笼离开底层基础平台后。

3. 项目部要对施工升降机的使用建立相关的管理制度不包括（　　）。

　　A. 司机的岗位责任制　　　　　　B. 交接班制度

　　C. 升降机的使用培训　　　　　　D. 维护保养检查制度

【答案】C

【解析】项目部要对施工升降机的使用建立相关的管理制度包括司机的岗位责任制、交接班制度、维护保养检查制度等。

4. 汽车式起重机负重工作时，吊臂的左右旋转角度都不能超过（　　），回转速度要缓慢。

　　A. 50°　　　　　　　　　　　　B. 60°

　　C. 40°　　　　　　　　　　　　D. 45°

【答案】D

【解析】汽车式起重机负重工作时，吊臂的左右旋转角度都不能超过45°，回转速度要缓慢。

5. 雨雪天作业，起重机制动器容易失灵，故吊钩起落要缓慢。如遇（　　）级以上大风应停止吊装作业。

　　A. 六　　　　　　　　　　　　　B. 七

　　C. 八　　　　　　　　　　　　　D. 五

【答案】A

【解析】雨雪天作业，起重机制动器容易失灵，故吊钩起落要缓慢。如遇六级以上大风应停止吊装作业。

6. 履带式起重机满负荷起吊时，应先将重物吊离地面（　　）mm左右，对设备作一次全面检查，确认安全可靠后，方可起吊。

　　A. 500　　　　　　　　　　　　B. 800

　　C. 400　　　　　　　　　　　　D. 200

【答案】D

【解析】履带式起重机满负荷起吊时,应先将重物吊离地面200mm左右,对设备作一次全面检查,确认安全可靠后,方可起吊。

7. 捯链的起重能力一般不超过（　　）t,起重高度一般不超过（　　）m。
   A. 15，6 B. 10，7
   C. 15，7 D. 10，6

【答案】D

【解析】捯链的起重能力一般不超过10t,起重高度一般不超过6m。

8. 捯链使用注意事项：发现吊钩磨损超过（　　）时,必须更换。
   A. 15% B. 12%
   C. 9%   D. 10%

【答案】D

【解析】捯链使用注意事项：发现吊钩磨损超过10%时,必须更换。

9. 捯链按结构不同,可分为（　　）。
   A. 蜗杆传动和圆柱齿轮传动 B. 链带传动和圆柱齿轮传动
   C. 链带传动和连杆传动   D. 蜗杆传动和连杆传动

【答案】A

【解析】捯链按结构不同,可分为蜗杆传动和圆柱齿轮传动两种。

10. 千斤顶按照结构不同,可分为（　　）。
    A. 螺旋千斤顶和液压千斤顶   B. 螺旋千斤顶和齿条千斤顶
    C. 液压千斤顶和齿条千斤顶   D. 螺旋千斤顶、液压千斤顶和齿条千斤顶

【答案】D

【解析】千斤顶按照结构不同,可分为螺旋千斤顶、液压千斤顶、齿条千斤顶三种。

11. 操作时,电动卷扬机卷筒上的钢丝绳余留圈数不应少于（　　）圈。
    A. 3 B. 4
    C. 2 D. 5

【答案】A

【解析】电动卷扬机所用钢丝绳直径应与套筒直径相匹配,一般卷筒直径应为钢丝绳直径的16～25倍,还要做到钢丝绳捻向与卷筒卷绕方向一致。操作时,卷筒上的钢丝绳余留圈数不应少于3圈。

12. 导向滑轮与卷筒保持适当距离,使钢丝绳在卷筒上缠绕时最大偏离角不超过（　　）。
    A. 3° B. 2°
    C. 4° D. 5°

【答案】B

【解析】导向滑轮与卷筒保持适当距离,使钢丝绳在卷筒上缠绕时最大偏离角不超过2°。

13. 电动卷扬机在使用时如发现卷筒壁减薄（　　）必须进行修理和更换。
    A. 15% B. 10%
    C. 8%   D. 12%

【答案】B

【解析】电动卷扬机在使用时如发现卷筒壁减薄10%、卷筒裂纹和变形、筒轴磨损、制动器制动力不足时，必须进行修理和更换。

14. 麻绳只能用来捆绑吊运（　　）kg以内的物体或用作平衡绳、溜绳和受力不大的缆风绳。

A. 800 B. 500
C. 1500 D. 1800

【答案】B

【解析】麻绳只能用来捆绑吊运500kg以内的物体或用作平衡绳、溜绳和受力不大的缆风绳。

15. 麻绳使用注意事项：如果与滑轮配合使用，滑轮直径应大于绳径（　　）倍。

A. 8～10 B. 7～10
C. 7～9 D. 6～9

【答案】B

【解析】麻绳使用注意事项：如果与滑轮配合使用，滑轮直径应大于绳径7～10倍。

16. 尼龙绳和涤纶绳的抗水性能达到（　　）。

A. 90%～96% B. 90%～99%
C. 96%～99% D. 90%～96%

【答案】C

【解析】尼龙绳和涤纶绳的优点是体轻、质地柔软、耐油、耐酸、耐腐蚀，并具有弹性，可减少冲击，不怕虫蛀，不会引起细菌繁殖，它们的抗水性能达到96%～99%。

17. （　　）MPa不属于钢丝绳的强度级别。

A. 1370 B. 1470
C. 1570 D. 1770

【答案】A

【解析】钢丝绳的强度级别分为1470MPa、1570 MPa、1670 MPa、1770 MPa、1870 MPa五个级别。

18. 滑轮的分类，按使用方法分有（　　）。

A. 定滑轮和动滑轮
B. 定滑轮、动滑轮以及动、定滑轮组成的滑轮组
C. 导向滑轮和平衡滑轮
D. 硬质滑轮和钢滑轮

【答案】B

【解析】滑轮的分类：按使用方法分有定滑轮、动滑轮以及动、定滑轮组成的滑轮组。

19. 对滑轮易损件，如当滑轮轴磨损超过轴颈的（　　）时，应于报废更换。

A. 2% B. 3%
C. 5% D. 8%

【答案】A

【解析】对滑轮易损件，如当滑轮轴磨损超过轴颈的2%时，应于报废更换。

20. 当滑轮的轴套磨损超过轴套的（　　）及滑轮槽磨损达到壁厚的（　　）时均应更换，以确保安全使用。
   A. 1/4，10%　　　　　　　　　B. 1/4，15%
   C. 1/5，10%　　　　　　　　　D. 1/5，15%

【答案】C

【解析】当滑轮的轴套磨损超过轴套的1/5及滑轮槽磨损达到壁厚的10%时均应更换，以确保安全使用。

三、多选题

1. 施工升降机按其传动形式可分为（　　）。
   A. 齿轮齿条式　　　　　　　　B. 钢丝绳式
   C. 链条式　　　　　　　　　　D. 混合式
   E. 皮带式

【答案】ABD

【解析】施工升降机按其传动形式可分为三类：齿轮齿条式、钢丝绳式和混合式。

2. 施工升降机的安全装置包括（　　）。
   A. 防坠安全器　　　　　　　　B. 电气安全开关
   C. 电动锁门　　　　　　　　　D. 机械门锁以及吊笼门的机械联锁装置
   E. 联锁装置

【答案】ABD

【解析】施工升降机的安全装置包括防坠安全器、电气安全开关、机械门锁以及吊笼门的机械联锁装置。

3. 在设备安装工程中常用的自行起重机有（　　）。
   A. 汽车式起重机　　　　　　　B. 履带式起重机
   C. 链条式起重机　　　　　　　D. 轮胎式起重机
   E. 皮带式起重机

【答案】ABD

【解析】在设备安装工程中常用的自行起重机有汽车式起重机、履带式起重机、轮胎式起重机三种。

4. 电动卷扬机的种类按卷筒形式有（　　）。
   A. 单筒　　　　　　　　　　　B. 双筒
   C. 可逆减速箱式　　　　　　　D. 摩擦离合式
   E. 多筒

【答案】AB

【解析】电动卷扬机的种类按卷筒形式有单筒、双筒两种；按传动形式分有可逆减速箱式和摩擦离合器式；按起重量分有0.5t、1t、2t、3t、5t、10t、20t、32t等。

5. 麻绳一般有（　　）。
   A. 三股　　　　　　　　　　　B. 四股
   C. 五股　　　　　　　　　　　D. 八股

E. 九股

【答案】ABE

【解析】麻绳一般有三股、四股和九股三种，常用的分为白棕绳、混合麻绳和线麻绳三种，其中以白棕绳的质量为优，使用较为普遍。

6. 滑轮的分类：按滑轮数量多少分有（　　）。

A. 单滑轮　　　　　　　　　B. 双滑轮

C. 三轮　　　　　　　　　　D. 四轮

E. 多轮

【答案】ABCDE

【解析】滑轮的分类：按滑轮数量多少分有单滑轮、双滑轮、三轮、四轮以及多轮等。

7. 使用焊机应注意的安全问题：（　　）。

A. 焊机应与安装环境条件相适应

B. 焊机应远离易燃易爆物品

C. 焊机应通风良好，避免受潮，并能防止异物进入

D. 焊机外壳应不可靠接地

E. 焊机外壳应可靠接地

【答案】ABCE

【解析】使用焊机应注意的安全问题：焊机应远离易燃易爆物品；焊机应与安装环境条件相适应；焊机应通风良好，避免受潮，并能防止异物进入；焊机外壳应可靠接地等。

第八章 编制施工组织设计和施工方案

一、判断题

1. 房屋建筑安装工程的承包单位是建筑工程承包的总包单位。

【答案】错误

【解析】房屋建筑安装工程的承包单位是建筑工程承包单位的分包单位。

2. 是否进行专家论证,由项目部报本企业技术负责人批准,并征得总包单位承认。

【答案】正确

【解析】是否进行专家论证,由项目部报本企业技术负责人批准,并征得总包单位承认。

3. 根据施工现场施工用地紧张的实际状况,必须按建设工程安全生产管理条例规定对生活生产临时设施进行安排,使之既符合生产需要又符合安全要求。

【答案】正确

【解析】根据施工现场施工用地紧张的实际状况,必须按建设工程安全生产管理条例规定对生活生产临时设施进行安排,使之既符合生产需要又符合安全要求。

4. 民工走路时误入无防护的吊装孔而坠落身亡是一起触电事故。

【答案】错误

【解析】民工走路时误入无防护的吊装孔而坠落身亡,性质属于高处坠落事故。

5. 定性分析要有较多的经验积累,这些经验主要是个人的。

【答案】错误

【解析】施工方案比较通常用技术和经济两个方面进行分析,方法为定性和定量两种,定量分析要大量的数据积累,这些数据是随着时间和技术进步而变动的。定性分析要有较多的经验积累,这些经验不仅有个人的,更主要是团队的项目管理班子集体的。

二、单选题

1. 对施工方案的比较:对一个具体对象编制的施工方案不应少于(   )个,以便遴选和优化。
A. 2   B. 3
C. 4   D. 5

【答案】A

【解析】对施工方案的比较:对一个具体对象编制的施工方案不应少于2个,以便遴选和优化。

2. 对施工方案的比较的方法,属于经济性比较的是:(   )。
A. 比较不同方案实施的安全可靠性   B. 比较不同方案的经济计划性
C. 比较不同方案推广应用的价值   D. 比较不同方案对施工产值增长率的贡献

【答案】A

【解析】对施工方案比较的方法是从技术和经济两方面进行。技术先进性比较：比较不同方案的技术水平；比较不同方案的技术创新程度；比较不同方案的技术效率；比较不同方案实施的安全可靠性。

3. 案例8-1：

A公司自B公司分包承建某商住楼的建筑设备安装工程，该工程地下一层为车库及变配电室和水泵房鼓风机房组成的动力中心，地上三层为商业用户，四层以上为住宅楼。建筑物的公用部分，如车库、动力中心、走廊等要精装饰交付，商场和住宅为毛坯交付。B公司安排了单位工程施工组织设计，提出施工总进度计划，交给A公司，并要求A公司标志建筑设备安装进度计划交总包方审查，以利该工程按期交付业主。

案例8-1A公司接到B公司的施工总进度计划后，应策划价值设备安装施工接到计划：第一阶段是（　　）。

A. 与土建工程施工全面配合阶段
B. 全面安装的高峰阶段
C. 安装工程由高峰转入收尾，全面进行试运转阶段
D. 安装工程结束阶段

【答案】A

【解析】A公司接到B公司的施工总进度计划后，应策划价值设备安装施工接到计划：第一阶段是与土建工程施工全面配合阶段；第二阶段是全面安装的高峰阶段；第三阶段是安装工程由高峰转入收尾，全面进行试运转阶段。

4. 安装工程资源管理的特殊点主要表现在人力资源方面有（　　）。

A. 特殊作业人员和特种设备作业两类人员的专门管理规定
B. 要注意强制认证的成品使用管理和特殊场所使用的管理
C. 消防专有成品的管理
D. 注意起重机械和压力容器的使用管理

【答案】A

【解析】安装工程资源管理的特殊点主要表现在人力资源方面有特殊作业人员和特种设备作业两类人员的专门管理规定，在材料管理方面要注意强制认证的成产品使用管理和特殊场所使用的管理，还有消防专用成品的管理，而施工机械管理要注意起重机械和压力容器的使用管理。

5. 建设工程安全生产管理条例明确的特种作业人员是指（　　）。

A. 探伤工   B. 司炉工
C. 架子工   D. 水处理工

【答案】C

【解析】安装工程施工的特殊作业人员有两类，一是建设工程安全生产管理条例明确的特种作业人员，二是特种设备安全监察条例明确的特种设备作业人员。前者指明的工种有焊工、起重工、电工、场内车辆运输工、架子工等；后者指明的工种有焊工、探伤工、司炉工、水处理工等。

6. 对特殊作业人员管理的基本要求：离开特殊作业一定期限时间一般为（　　）者，必须重新考试合格，方可上岗。

A. 六个月以上 B. 七个月以上
C. 十二个月以上 D. 九月以上

【答案】A

【解析】对特殊作业人员管理的基本要求是：必须经考试或考核合格、持证上岗；合格证书要按规定期限进行复审；离开特殊职业一定期限（通常为六个月以上）者，必须重新考试合格，方可上岗。

7. 施工方案比较通常用（　　）两个方面进行分析。
A. 技术和经济 B. 重要和经济
C. 技术和重要 D. 方案和经济

【答案】A

【解析】施工方案比较通常用技术和经济两个方面进行分析，方法为定性和定量两种，定量分析要大量的数据积累，这些数据是随着时间和技术进步而变动的。定性分析要有较多的经验积累，这些经验不仅个人的，更主要是团队的项目管理班子集体的。

8. 施工方案比较，定量分析（　　）。
A. 要工程施工技术 B. 要大量的数据积累
C. 有较多的经验积累 D. 要高技术的施工员

【答案】B

【解析】施工方案比较通常用技术和经济两个方面进行分析，方法为定性和定量两种，定量分析要大量的数据积累，这些数据是随着时间和技术进步而变动的。定性分析要有较多的经验积累，这些经验不仅个人的，更主要是团队的项目管理班子集体的。

9. 施工方案比较采用比较的方面不包括（　　）。
A. 技术先进性 B. 经济合理性
C. 重要性 D. 施工可靠性

【答案】D

【解析】具体比较要从三个方面入手：即技术先进性比较，包括创新程度、技术效率、安全可靠程度等；经济合理性比较，包括投资额度、对环境影响程度、对工程进度影响、性价比等；重要性比较，包括推广应用价值、资源节约、降低污染等社会效益。

10. 施工方案比较，重要性比较包括（　　）。
A. 技术效率 B. 创新程度
C. 推广应用价值 D. 投资额度

【答案】C

【解析】具体比较要从三个方面入手：即技术先进性比较，包括创新程度、技术效率、安全可靠程度等；经济合理性比较，包括投资额度、对环境影响程度、对工程进度影响、性价比等；重要性比较，包括推广应用价值、资源节约、降低污染等社会效益。

三、多选题

1. 房屋建筑安装工程施工单位按施工组织计划的（　　）原则规定结合施工项目实际和单位要求，组建编制小组。
A. 编制原则 B. 编制依据

C. 编制内容 D. 编制目的
E. 编制规则

【答案】ABC

【解析】房屋建筑安装工程施工单位按施工组织计划的编制原则、编制依据和编制内容等原则规定结合施工项目实际和单位要求，组建编制小组。

2. 对施工方案的比较的方法，经济性比较包括（ ）。
   A. 比较不同方案的投资额度
   B. 比较不同方案的经济计划性
   C. 比较不同方案的投资中发生的手段用料或添置的施工机械可重复使用的程度
   D. 比较不同方案对施工产值增长率的贡献
   E. 比较不同方案实施的安全可靠性

【答案】ACD

【解析】对施工方案的比较的方法是从技术和经济两方面进行。经济合理性比较：比较不同方案的投资额度；比较不同方案对环境影响产生的损失；比较不同方案对工程进度时间及其发生费用的大小；比较不同方案的投资中发生的手段用料或添置的施工机械可重复使用的程度；比较不同方案对施工产值增长率的贡献。

3. 现场材料堆放场地应注意的事项有：（ ）。
   A. 方便施工，避免或减少一次搬运
   B. 符合防火、防潮要求，便于保管和搬运
   C. 要不妨碍作业位置，避免料场迁移
   D. 码放整齐，便于识别，危险品单独存放
   E. 方便施工，避免或减少二次搬运

【答案】BCDE

【解析】现场材料堆放场地应注意的事项有：应方便施工，避免或减少二次搬运；要不妨碍作业位置，避免料场迁移；符合防火、防潮要求，便于保管和搬运；码放整齐，便于识别，危险品单独存放。

4. 安装工程资源管理的特殊点主要表现在（ ）。
   A. 资源管理方面 B. 人力资源方面
   C. 材料管理方面 D. 方案设计方面
   E. 施工进度方面

【答案】BC

【解析】安装工程资源管理的特殊点主要表现在人力资源方面有特殊作业人员和特种设备作业两类人员的专门管理规定，在材料管理方面要注意强制认证的产品使用管理和特殊场所使用的管理，还有消防专用成品的管理，而施工机械管理要注意起重机械和压力容器的使用管理。

5. 对特殊作业人员管理的基本要求是：（ ）。
   A. 须经考试或考核合格、持证上岗
   B. 合格证书要按规定期限进行复审
   C. 离开特殊作业一定期限者，必须重新考试合格，方可上岗

D. 必须由身体健康证明
E. 必须经考核上岗

【答案】ABC

【解析】对特殊作业人员管理的基本要求是：必须经考试或考核合格、持证上岗；合格证书要按规定期限进行复审；离开特殊作业一定期限者，必须重新考试合格，方可上岗。

第九章 施工图识读

一、判断题

1. 建筑电气工程图的识读步骤：阅读系统图→阅读施工说明→阅读平面图→阅读带电气装置的三视图→阅读电路图→阅读接线图→判断施工图的完整性。

【答案】错误

【解析】建筑电气工程图的识读步骤：阅读施工说明；阅读系统图；阅读平面图；阅读带电气装置的三视图；阅读电路图；阅读接线图；判断施工图的完整性。

2. 所有的标高相对零点（±0.00）在该建筑物的首层地面。

【答案】正确

【解析】相对标高±0.00应在该建筑物的首层地面。

3. 报警阀的上腔、下腔的接口不能够接错。

【答案】正确

【解析】报警阀的上腔、下腔的接口不能够接错，否则失去功效。

4. 为了用电安全，正常电源和备用电源不能并联运行，电压值保持在相同的水平。

【答案】正确

【解析】为了用电安全，正常电源和备用电源不能并联运行，电压值保持在相同的水平，尤其是两者接入馈电线路时应严格保持相序一致。

5. 送风机是空调系统用来输送空气的设备。

【答案】错误

【解析】通风机是空调系统用来输送空气的设备。

二、单选题

1. 在给水排水工程图的，阅读中要注意施工图上标注的（　　），是否图形相同而含义不一致。

A. 设备材料表　　　　　　　　B. 尺寸图例
C. 标题栏　　　　　　　　　　D. 图例符号

【答案】D

【解析】图例符号阅读：阅读前要熟悉图例符号表达的内涵，要注意对照施工图的设备材料表，判断图例的图形是否符合预想的设想；阅读中要注意施工图上标注的图例符合，是否图形相同而含义不一致，要以施工图标示为准，以防阅读失误。

2. 在给水排水工程图，阅读中要注意施工图上标注的图例符合，是否图形相同而含义不一致，要以（　　）为准，以防阅读失误。

A. 设备材料表　　　　　　　　B. 施工图标示
C. 图形标示　　　　　　　　　D. 图例符号

【答案】B

【解析】图例符号阅读：阅读前要熟悉图例符号表达的内涵，要注意对照施工图的设备材料表，判断图例的图形是否符合预想的设想；阅读中要注意施工图上标注的图例符合，是否图形相同而含义不一致，要以施工图标示为准，以防阅读失误。

3. 在建筑电气工程图的阅读中，系统图、电路图或者是平面图的阅读顺序是（ ）。
A. 从电源开始到用电终点为止　　B. 从用电终点开始到电源为止
C. 不做要求　　　　　　　　　　D. 从主干线开始

【答案】A

【解析】建筑电气工程图：无论是系统图、电路图或者是平面图，阅读顺序是从电源开始到用电终点为止。

4. 在（ ）的施工图中大量采用轴测图表示，原因是轴测图立体感强，便于作业人员阅读理解。
A. 给水排水工程和通风与空调工程　　B. 建筑电气工程
C. 建筑设计工程　　　　　　　　　　D. 建筑结构图

【答案】A

【解析】在给水排水工程和通风与空调工程的施工图中大量采用轴测图表示，原因是轴测图立体感强，便于作业人员阅读理解。

5. 从图9-1分析，这个排水系统属于（ ）。
A. 雨污水混流制排放　　B. 雨污水独立制排放
C. 雨水排放　　　　　　D. 污水排放

【答案】A

【解析】从编号PL-4立管底部可知生活污水经埋于标高−0.500，坡度为2%的横管向墙外排入雨水沟，再向外排放，空间这是雨污水混流制排放。

6. 热继电器的符号为（ ）。
A. GR　　B. FR
C. FG　　D. GF

【答案】B

【解析】热继电器的符号为FR。

7. 为了用电安全，正常电源和备用电源不能并联运行，备用电源电压值（ ）。
A. 大于正常电源电压值
B. 与正常电源电压值保持在相同的水平
C. 小于正常电源电压值
D. 不做要求

【答案】B

【解析】为了用电安全，正常电源和备用电源不能并联运行，电压值保持在相同的水平，尤其是两者接入馈电线路时应严格保持相序一致。

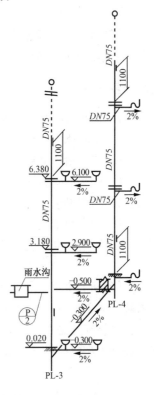

图9-1　盥洗台、淋浴间污水管网

8. 风机压出端的测定面要选在（   ）。
   A. 通风机出口而气流比较稳定的直管段上
   B. 尽可能靠近入口处
   C. 尽可能靠近通风机出口
   D. 干管的弯管上

【答案】A

【解析】风机压出端的测定面要选在通风机出口而气流比较稳定的直管段上；风机吸入端的测定尽可能靠近入口处。

9. 测量圆形断面的测点据管径大小将断面划分成若干个面积相同的同心环，每个圆环设（   ）个测点。
   A. 三   B. 四
   C. 五   D. 六

【答案】B

【解析】测量圆形断面的测点据管径大小将断面划分成若干个面积相同的同心环，每个圆环设四个测点，这四个点处于相互垂直的直径上。

10. 一个屋顶高位水箱，可贮（   ）min 用的消防用水量。
    A. 8   B. 9
    C. 10   D. 7

【答案】C

【解析】消防用水水源有4个，分别是两个室外市政管网供水水源，一个屋顶高位水箱，可贮10min用的消防用水量，一个水泵接合器，可以接受消防车向消防管网输水。

三、多选题

1. 给水排水识读施工图纸的基本方法有（   ）。
   A. 先阅读标题栏
   B. 其次阅读材料表
   C. 核对不同图纸上反映的同一条管子、同一个阀门的规格型号是否一致，同一个接口位置是否相同
   D. 检查图纸图标
   E. 阅读带电气装置的三视图

【答案】ABC

【解析】识读施工图纸的基本方法：先阅读标题栏；其次阅读材料表；从供水源头向末端用水点循环前进读取信息，注意分支开叉位置和接口，而污水则反向读直至集水坑，这样可对整个系统有明晰的认知。当然施工图纸提供系统图的要先读系统图；核对不同图纸上反映的同一条管子、同一个阀门的规格型号是否一致，同一个接口位置是否相同等。

2. 建筑电气工程图包含（   ）。
   A. 系统图   B. 电路图
   C. 平面图   D. 风管系统图

E. 电气系统图

【答案】ABC

【解析】建筑电气工程图：无论是系统图、电路图或者是平面图，阅读顺序是从电源开始到用电终点为止。

3. 湿式报警阀组采取了哪些措施防止误报（　　）。
   A. 报警阀内设有平衡管路　　　B. 在报警阀至警铃的管路上设置开关
   C. 报警阀内没有平衡管路　　　D. 在报警阀至警铃的管路上设置保护器
   E. 在报警阀至警铃的管路上设置延时器

【答案】CE

【解析】为了防止因水压波动发生误动报警，主要采取两个措施，一是报警阀内没有平衡管路，平衡因瞬时波动而产生的上下腔差压过大而误报；二是在报警阀至警铃的管路上设置延时器。

4. 施工现场双电源自动切换使用的注意的安全事项有：（　　）。
   A. 正常电源和备用电源并联运行
   B. 正常电源和备用电源电压值保持在相同的水平
   C. 两者接入馈电线路时应严格保持相序一致
   D. 正常电源和备用电源不能并联运行
   E. 正常电源和备用电源能并联运行

【答案】BCD

【解析】正常供电电源的容量要满足施工现场所有用电的需求，通常备用电源比正常电源的容量要小，当正常电源失电时，以确保施工现场重要负荷用电的需求，知识为了经济合理、节约费用开支的考虑和安排。为了用电安全，正常电源和备用电源不能并联运行，电压值保持在相同的水平，尤其是两者接入馈电线路时应严格保持相序一致。

5. 风口风量调整的方法有：（　　）。
   A. 基准风口法　　　　　　　B. 流量等比分配法
   C. 流量等量法　　　　　　　D. 逐项分支调整法
   E. 等面积分配法

【答案】ABD

【解析】风口风量调整的方法有基准风口法、流量等比分配法、逐项分支调整法等。

6. 电子巡查线路的确定要依据：（　　）。
   A. 建筑物的使用功能　　　　B. 安全防范管理要求
   C. 建筑物的结构　　　　　　D. 用户需求
   E. 国家规定

【答案】ABD

【解析】电子巡查线路的确定要依据建筑物的使用功能、安全防范管理要求和用户需求。

第十章 技术交底的实施

一、判断题

1. 交底是组织者与执行者间的一种行为,是执行者在活动前向执行者布置工作或任务的一个关键环节。

【答案】错误

【解析】交底是组织者与执行者间的一种行为,是组织者在活动前向执行者布置工作或任务的一个关键环节,目的是把工作或任务的内容、目标、手段,涉及的资源、环境条件,可能发生的风险等由组织者向执行者解释清楚,执行者在理解的基础上使活动结果达到组织者的预期。

2. 施工技术交底是施工活动开始前的一项有针对性的,关于施工技术方面的,技术管理人员向作业人或下级技术管理人员向上级技术管理人员做的符合法规规定、符合技术管理制度要求的重要工作。

【答案】错误

【解析】施工技术交底是施工活动开始前的一项有针对性的,关于施工技术方面的,技术管理人员向作业人或上级技术管理人员向下级技术管理人员做的符合法规规定、符合技术管理制度要求的重要工作,以保证施工活动案计划有序地顺利展开。

3. 作业指导书是施工作业中一个工序或数个连续相关的工序为对象编写的技术文件。

【答案】正确

【解析】作业指导书是施工作业中一个工序或数个连续相关的工序为对象编写的技术文件。是施工方案中技术部分的细化结果。

4. 管道试压作业指导书,编制后做模拟实验体现了样板领先的理念,说明了新技术的推广应用要经过实践的验证,是作业指导书编制形成的一个重要环节。

【答案】正确

【解析】管道试压作业指导书,编制后做模拟实验体现了样板领先的理念,说明了新技术的推广应用要经过实践的验证,是作业指导书编制形成的一个重要环节。

5. 摄像机安装之前应带电检测、调试,正常后才可安装。

【答案】正确

【解析】摄像机安装之前应带电检测、调试,正常后才可安装。

二、单选题

1. 要明确技术交底的责任,责任人员不包括( )。
A. 项目技术负责人　　　　　B. 业主
C. 作业队长　　　　　　　　D. 作业班组长

【答案】B

【解析】明确技术交底的责任。责任人员包括项目技术负责人、施工员、作业队长、作业班组长等。

2. "四新"在施工中有两种情况：（   ）。
  A. 一是从别人那里引入的而本单位多次应用，另一种是本单位自行创造首次应用
  B. 一是从别人那里引入的而本单位首次应用，另一种是本单位与其他单位合资创造首次应用
  C. 一是从别人那里引入的而本单位多次应用，另一种是本单位与其他单位合资创造首次应用
  D. 一是从别人那里引入的而本单位首次应用，另一种是本单位自行创造首次应用

【答案】D

【解析】"四新"指的是施工中新材料、新工艺、新技术、新机械的应用，其有两种情况。一是从别人那里引入的而本单位首次应用，另一种是本单位自行创造首次使用。无论何种情况，均应先试验后推广，以样板示范做技术交底的手段。

3. 案例10-1：
某公司承建的大型体育场环形地沟内冷却水循环管网，管径外径达630mm，管道除与设备法兰连接外，管与管、管与配件的连接均为沟槽式连接，应属于柔性连接。由于该公司大口径柔性连接钢管的技术尚属于初次应用，尤其对其试压会产生的弹性变形和复位情况所知不多，为此项目部编制了作业指导书，按作业指导书要求做了模拟试验，对试压用挡墩和稳定支架的布置位置作出了修正，并设置了集水坑、配备潜水泵。试压作业前，项目部技术负责人组织了高层次的技术交底，要求施工员、作业队组长各司其职，实行监护，确保作业人员正确操作，增强安全防范意识。由于整个过程组织合理、方法可靠、对风险有预防，所以试压工作顺利完成，并未发生事故。

案例10-1该公司技术交底考虑的内容体现了（   ）。
  A. 技术性内容和安全防范性内容   B. 经济性内容和安全防范性内容
  C. 技术性内容和经济防范性内容   D. 重要性内容和安全防范性内容

【答案】A

【解析】体现了技术交底工作的两个主要方面，即技术性内容和安全防范性内容。

4. 交底时技术方面包括（   ）。
  A. 要在竖井每个门口设警戒标志，提醒安全作业不要跌入井道内
  B. 每根电缆的走向、规格，按测绘长度的同规格拼盘方式和部位
  C. 电缆竖井内作业要防止高空坠物
  D. 在电缆竖井未作隔堵前敷设电缆

【答案】B

【解析】交底时技术方面包括每根电缆的走向、规格，按测绘长度的同规格拼盘方式和部位。

5. 自制吊杆的规格应符合设计要求，吊杆加长采用搭接双侧连接焊时，搭接长度不应小于吊杆直径的（   ）倍。
  A. 4   B. 5
  C. 6   D. 7

【答案】C

【解析】自制吊杆的规格应符合设计要求，吊杆应平直，螺纹完整、丝扣光洁，吊杆加长采用搭接双侧连接焊时，搭接长度不应小于吊杆直径的6倍，采用螺纹连接时，拧入连接螺母的螺纹长度应大于吊杆直径，并有防松措施。

6. 吊装边长或直径大于（　　）mm 的风管，每段吊装长度不大于（　　）节。
   A. 1250，3　　　　　　　　　　B. 1250，2
   C. 1150，3　　　　　　　　　　D. 1150，2

【答案】B

【解析】吊装边长或直径大于1250mm的风管，每段吊装长度不大于2节。

7. 由吊杆支架悬吊安装的风管，每直线段均应设刚性的（　　）。
   A. 固定支架　　　　　　　　　　B. 矩形支架
   C. 防晃支架　　　　　　　　　　D. 单脚支架

【答案】C

【解析】支吊装的位置不设在风口、风阀、检查口和自控机构等处，垂直风管的支架，间距应不大于3m，每支垂直风管的支架不少于2个，有吊杆支架悬吊安装的风管，每直线段均应设刚性的防晃支架。

8. 风管连接处严密度合格标准为中压风管每（　　）m 接缝，漏光点不大于（　　）处为合格。
   A. 10，2　　　　　　　　　　　B. 10，1
   C. 12，2　　　　　　　　　　　D. 12，1

【答案】B

【解析】风管连接处严密度合格标准为：没有条缝形的明显漏光；低压风管每10m接缝，漏光点不多于2处，100m接缝平均不大于16处为合格，中压风管每10m接缝，漏光点不多于1处，100m接缝平均不大于8处为合格，这种评判方法称分段检测、汇总分析法。

9. 轴瓦温升高的根本原因是（　　）。
   A. 转动部分不平衡，产生离心力所致
   B. 轴心转动不一致
   C. 连轴器不同心
   D. 两轴即无径向位移，也无角向位移，两轴中心线完全重合

【答案】C

【解析】轴瓦温升过高的根本原因是连轴器不同心，犹如一个弯曲的轴在高速旋转产生了这种不正常现象。

10. 摄像机固定用（　　）要大小适配，数量符合要求，要隐蔽的摄像机可设置在顶棚或嵌入壁内。
    A. 安装紧固件　　　　　　　　　B. 安装套筒
    C. 安装锁钉　　　　　　　　　　D. 安装固定件

【答案】A

【解析】引入摄像机的电缆要有1m的余量在外，导线与摄像机间这1m电缆用柔性导管保护，且不能想象摄像机的转动，固定用安装紧固件要大小适配，数量符合要求，要隐

蔽的摄像机可设置在顶棚或嵌入壁内。

11. 室外摄像机要备有（　　），摄像机外壳和视频电缆一样对地（　　）。
   A. 防雨罩，绝缘　　　　　　　　B. 挡风罩，绝缘
   C. 防雨罩，导电　　　　　　　　D. 挡风罩，导电

【答案】A

【解析】室内摄像机安装高度2.5～5m，室外摄像机安装高度不低于3.5m，室外摄像机要备有防雨罩，摄像机外壳和视频电缆一样对地绝缘，可避免干扰。

12. ZSTB 15的额定动作温度为（　　）℃。
   A. 93　　　　　　　　　　　　　B. 63
   C. 67　　　　　　　　　　　　　D. 97

【答案】A

【解析】ZSTB15的额定动作温度93℃，最高工作环境温度为63℃，玻璃球色标为绿色。

13. ZSTB 15的玻璃球色标为（　　）。
   A. 红色　　　　　　　　　　　　B. 黄色
   C. 绿色　　　　　　　　　　　　D. 橙色

【答案】C

【解析】ZSTB 15的额定动作温度93℃，最高工作环境温度为63℃，玻璃球色标为绿色。

14. 点型火灾探测器安装的基本规定是，探测器（　　）m内不应有遮挡物。
   A. 2　　　　　　　　　　　　　　B. 1.5
   C. 1　　　　　　　　　　　　　　D. 0.5

【答案】D

【解析】点型火灾探测器安装的基本规定是：探测器0.5m内不应有遮挡物。

15. 点型火灾探测器安装的基本规定是，在宽度小于（　　）m的内走廊平顶设置探测器宜居中布置。
   A. 3.5　　　　　　　　　　　　　B. 3
   C. 2.5　　　　　　　　　　　　　D. 2

【答案】B

【解析】点型火灾探测器安装的基本规定是：在宽度小于3m的内走廊平顶设置探测器宜居中布置。

16. 探测器距端墙的距离为安装间距的（　　）。
   A. 1/2　　　　　　　　　　　　　B. 2/3
   C. 3/4　　　　　　　　　　　　　D. 3/5

【答案】A

【解析】点型火灾探测器安装的基本规定是：探测器距端墙的距离为安装间距的1/2。

17. 当梁突出顶棚高度（　　）mm时，被梁隔断的每个梁间区域，至少应设置（　　）只探测器。
   A. 600，二　　　　　　　　　　　B. 500，二

C. 600，一 D. 500，一

【答案】C

【解析】在大开间场所，平顶上有梁下垂，探测器布置的保护区要修正：当梁突出顶棚高度600mm时，被梁隔断的每个梁间区域，至少应设置一只探测器。

三、多选题

1. 施工技术交底的内容，技术方面有（　　）。
   A. 施工工艺和方法　　　　　B. 技术手段
   C. 质量要求　　　　　　　　D. 特殊仪器仪表使用
   E. 特殊人员培训

【答案】ABCD

【解析】施工技术交底的内容主要包括技术和安全两个主要方面。技术方面有：施工工艺和方法、技术手段、质量要求、特殊仪器仪表使用等；安全方面有：安全风险特点、安全防范措施、发生事故的应急预案等。

2. 当前提倡技能环保和绿色施工，所以技术交底时要注意（　　）。
   A. 保护好作业环境　　　　　B. 环保要求
   C. 妥善处理作业中产生的固体废弃物　　D. 防止废气、噪声、强光的污染
   E. 做好施工安全设施

【答案】ABCD

【解析】当前提倡技能环保和绿色施工，所以技术交底时要注意环保要求，保护好作业环境，妥善处理作业中产生的固体废弃物，防止废气、噪声、强光的污染。

3. 案例10-2：

A公司承建的某住宅小区机电安装工程，住宅楼的生活给水管道最终要经消毒合格后才能交付使用，其基本方法是以溶解氯的高浓度消毒水注入管网中，浸泡至规定时间，经取样检验化验菌落数符合标准规定而判定合格，则消毒工作完成，管网排放消毒水，经冲洗中和后交付用户使用。按这样的消毒流程，项目部技术负责人编制了技术交底文件进行交底，并顺利实施按期完工。

技术交底时要关注的指标有（　　）。
   A. 管网中和清洗　　　　　　B. 消毒水中氯的浓度
   C. 浸泡的时间　　　　　　　D. 化验时菌落数总量
   E. 管网设计

【答案】ABCD

【解析】案例10-2，从背景可知要交底的指标有消毒水中氯的浓度、浸泡的时间、化验时菌落数总量、管网中和清洗等指标。

4. 施工作业中两大必须注意的环保事项是（　　）。
   A. 消毒水的合理排放和有效处理　　B. 消毒水的有效制作
   C. 管网的密闭性　　　　　　D. 管网冲洗及中和的效果
   E. 管网设计

【答案】AD

【解析】施工作业中两大必须注意的环保事项，一是消毒水的合理排放和有效处理，另一是管网冲洗机及和的效果。

5. 自制吊杆的规格应符合设计要求，吊杆应（　　　）。

A. 平直　　　　　　　　　　B. 螺纹完整
C. 丝扣光洁　　　　　　　　D. 白色
E. 黑色

【答案】ABC

【解析】自制吊杆的规格应符合设计要求，吊杆应平直，螺纹完整、丝扣光洁，吊杆加长采用搭接双侧连接焊时，搭接长度不应小于吊杆直径的 6 倍，采用螺纹连接时，拧入连接螺母的螺纹长度应大于吊杆直径，并有防松措施。

第十一章 施工测量

一、判断题

1. 测量和检测人员要经过培训且考试或考核合格。

【答案】正确

【解析】测量和检测人员要经过培训且考试或考核合格。

2. 施工日志是现场专业岗位人员每日记录当天相关施工活动的实录。

【答案】正确

【解析】施工日志是现场专业岗位人员每日记录当天相关施工活动的实录。内容广泛，包括计划安排、作业人员调动、作业面情况变化、资源变更、日进度统计等。测量和检测活动当然亦在记录在内。

3. 试压前施工员应先确定试压的性质是单项试压还是双项试压。

【答案】错误

【解析】试压前施工员应先确定试压的性质是单项试压还是系统试压。

4. 宿舍楼排水管道工程施工只需在雨水排水管道部位做试验检测。

【答案】错误

【解析】排水管道施工如属于隐蔽工程的，隐蔽前均应做灌水试验。宿舍楼排水管道工程施工有部位做试验检测：第一是雨水排水管道，第二是东西两侧卫生间首层地面下的排水管道。

5. ZC-8仪表应放置于水平位置，检查调零。

【答案】正确

【解析】ZC-8仪表应放置于水平位置，检查调零。

二、单选题

1. 记录齐全是指（　　）。
A. 通过测量或检测的记录，可以了解工程从开始到结束全部施工活动的进程
B. 记录要与测量或检测工作同步，要与工程进度同步，两者间隔时间不要太久
C. 记录表式内所有空格均需填写
D. 测量或检测的全部内容都应在记录中得到反映，不要遗漏

【答案】C

【解析】记录齐全是指记录表式内所有空格均需填写。

2. 记录及时是指（　　）。
A. 通过测量或检测的记录，可以了解工程从开始到结束全部施工活动的进程
B. 记录要与测量或检测工作同步，要与工程进度同步，两者间隔时间不要太久
C. 记录的数据要正确，用数字表达，不能用"符合要求"、"合格"来替代，也不能用规范标准规定的语言来替代

D. 测量或检测的全部内容都应在记录中得到反映,不要遗漏

【答案】B

【解析】记录及时是指记录要与测量或检测工作同步,要与工程进度同步,两者间隔时间不要太久。

3. 如记录中有图或草图,其构图规则要符合( )及相应配套规范的规定。
A.《房屋建筑制图统一标准》GB/T 50001
B.《房屋建筑绘图统一标准》GB/T 50001
C.《房屋建筑设计制图统一标准》GB/T 50001
D.《房屋建筑规划制图统一标准》GB/T 50001

【答案】A

【解析】如记录中有图或草图,其构图规则要符合《房屋建筑制图统一标准》GB/T 50001及相应配套规范的规定。

4. 排水管是( )。
A. 压力流	B. 机械流
C. 重力流	D. 自动流

【答案】C

【解析】给水管是压力流,排水管是重力流,两者的坡度不仅数值不同而且坡向要求也各不一致。

5. 各种材质的给水管,其试验压力均为工作压力的( )倍。
A. 1.5	B. 2
C. 2.5	D. 3

【答案】A

【解析】试压合格标准要符合施工设计的说明,如施工设计未注明通常规定:1)各种材质的给水管,其试验压力均为工作压力的1.5倍,但不小于0.6MPa。2)金属及复合管在试验压力下,观察10min,压力降不大于0.02MPa,然后降到工作压力进行检查,以不渗漏为合格。3)塑料管在试验压力下,稳压1h,压力降不大于0.05MPa,然后降到工作压力的1.15倍,稳压2h,压力降不大于0.03MPa,同时进行检查,以不渗漏为合格。

6. 金属及复合管在试验压力下,观察( )min,压力降不大于( )MPa,然后降到工作压力进行检查,以不渗漏为合格。
A. 9,0.02	B. 9,0.05
C. 10,0.02	D. 10,0.05

【答案】C

【解析】试压合格标准要符合施工设计的说明,如施工设计未注明通常规定:1)各种材质的给水管,其试验压力均为工作压力的1.5倍,但不小于0.6MPa。2)金属及复合管在试验压力下,观察10min,压力降不大于0.02MPa,然后降到工作压力进行检查,以不渗漏为合格。3)塑料管在试验压力下,稳压1h,压力降不大于0.05MPa,然后降到工作压力的1.15倍,稳压2h,压力降不大于0.03MPa,同时进行检查,以不渗漏为合格。

7. 雨水管道灌水试验的灌水高度必须到每根立管上部的雨水斗,试验持续时间( )h,不渗漏为合格。

A. 1 　　　　　　　　　　　　B. 1.5
C. 2 　　　　　　　　　　　　D. 1.8

【答案】A

【解析】雨水管道灌水试验的灌水高度必须到每根立管上部的雨水斗，试验持续时间1h，不渗漏为合格。

8. 通球试验是对排水主立管和水平干管的通畅性进行检测，木质球或塑料球进管内，检查其是否能通过，通球率达到（　　）%为合格。
   A. 90 　　　　　　　　　　　B. 95
   C. 98 　　　　　　　　　　　D. 100

【答案】D

【解析】通球试验是对排水主立管和水平干管的通畅性进行检测，用不小于管内径2/3的木质球或塑料球进管内，检查其是否能通过，通球率达到100%为合格。

9. ZC-8接地电阻测量仪使用注意事项有：接地极、电位探测针、电流探测针三者成一直线，（　　）居中，三者等距，均为20m。
   A. 接地极　　　　　　　　　　B. 电位探测针
   C. 电流探测针　　　　　　　　D. 接地极和电流探测针

【答案】B

【解析】ZC-8接地电阻测量仪使用注意事项有：接地极、电位探测针、电流探测针三者成一直线，电位探测针居中，三者等距，均为20m。

10. 接地电阻值受地下水位的高低影响大，所以建议不要在雨中或雨后就测量，最好连续干燥（　　）天后进行检测。
    A. 10 　　　　　　　　　　　B. 9
    C. 11 　　　　　　　　　　　D. 12

【答案】A

【解析】接地电阻值受地下水位的高低影响大，所以建议不要在雨中或雨后就测量，最好连续干燥10天后进行检测。

11. 兆欧表按被试对象额定电压大小选用，1000～3000V，宜采用（　　）及以上兆欧表。
    A. 2500V　12000MΩ　　　　　B. 2000V　10000MΩ
    C. 2000V　12000MΩ　　　　　D. 2500V　10000MΩ

【答案】D

【解析】兆欧表测量绝缘电阻值基本方法如下：兆欧表按被试对象额定电压大小选用。100V以下，宜采用250V50MΩ及以上的兆欧表；500V以下至100V，宜采用500V100MΩ及以上兆欧表；3000V以下至500V宜采用1000V2000MΩ及以上兆欧表；1000V至3000V，宜采用2500V10000MΩ及以上兆欧表。

12. 正压送风机启动后，防排烟楼梯间风压为（　　）。
    A. 45～50Pa　　　　　　　　　B. 40～45Pa
    C. 40～50Pa　　　　　　　　　D. 25～30Pa

【答案】C

【解析】正压送风机启动后，楼梯间、前室、走道风压呈递减趋势，防排烟楼梯间风压为 40~50Pa，前室、合用前室、消防电梯前室、封闭的避难层为 25~30Pa。启动排烟风机后，排烟口的风速宜为 3~4m/s，但不能低于 10m/s。

13. 启动排烟风机后，排烟口的风速宜为（　　）。
   A. 2~4m/s   B. 3~3.5m/s
   C. 3~4m/s   D. 2~3m/s

【答案】C

【解析】正压送风机启动后，楼梯间、前室、走道风压呈递减趋势，防排烟楼梯间风压为 40~50Pa，前室、合用前室、消防电梯前室、封闭的避难层为 25~30Pa。启动排烟风机后，排烟口的风速宜为 3~4m/s，但不能大于 10m/s。

三、多选题

1. 检测工作仪器选用的基本原则有（　　）。
   A. 符合测量检测工作的功能要求
   B. 检测仪器、仪表必须高精度
   C. 精度等级、量程等技术指标符合测量值的需要
   D. 必须经过检定合格，有标识，在检定周期内
   E. 分门别类按要求对测量检测仪器仪表进行保管

【答案】ACD

【解析】检测工作仪器选用的基本原则：符合测量检测工作的功能要求；精度等级、量程等技术指标符合测量值的需要；必须经过检定合格，有标识，在检定周期内等。

2. 施工日志内容包括（　　）。
   A. 计划安排   B. 作业人员调动
   C. 作业面情况变化   D. 资源变更
   E. 日进度统计

【答案】ABCDE

【解析】施工日志是现场专业岗位人员每日记录当天相关施工活动的实录。内容广泛，包括计划安排、作业人员调动、作业面情况变化、资源变更、日进度统计等。测量和检测活动当然亦在记录在内。

3. 管网测绘的基本方法有（　　）。
   A. 定位
   B. 高程控制
   C. 标高
   D. 管网竣工图的测量必须在回填土前，测量出管线的起点、终点、窨井标高和管顶标高
   E. 标度

【答案】ABD

【解析】管网测绘的基本方法有：定位；高程控制；管网竣工图的测量必须在回填土前，测量出管线的起点、终点、窨井标高和管顶标高。

4. 东西向两侧设有卫生间的多层宿舍楼，排水管道工程施工在（ ）部位做灌水试验。

A. 雨水排水管道

B. 在西侧卫生间首层地面下的排水管道

C. 系统内的各支路及主干管的阀门

D. 入口总阀和所有泄水阀门和低处泄水阀门

E. 东西两侧卫生间首层地面下的排水管道

【答案】AE

【解析】排水管道施工如属于隐蔽工程的，隐蔽前均应做灌水试验。该宿舍楼排水管道工程施工有部位做试验检测：第一是雨水排水管道，第二是东西两侧卫生间首层地面下的排水管道。

5. ZC-8 接地电阻测量仪使用的注意事项有（ ）。

A. 接地极、电位探测针、电流探测针三者成一直线，电位探测针居中，三者等距，均为 20m

B. 接地极、电位探测针、电流探测针各自引出相同截面的绝缘电线接至仪表上，要一一对应不可错接

C. ZC-8 仪表应放置于水平位置，检查调零

D. 先将倍率标度置于最大倍数，慢转摇把，使零指示器位于中间位置，加快转动速度至 120γ/min

E. 测量标度盘的读数乘以倍率标度即得所测接地装置的接地电阻值

【答案】ABCDE

【解析】ZC-8 接地电阻测量仪的使用的注意事项有：1) 接地极、电位探测针、电流探测针三者成一直线，电位探测针居中，三者等距，均为 20m。2) 接地极、电位探测针、电流探测针各自引出相同截面的绝缘电线接至仪表上，要一一对应不可错节。3) ZC-8 仪表应放置于水平位置，检查调零。4) 先将倍率标度置于最大倍数，慢转摇把，使零指示器位于中间位置，加快转动速度至 120γ/min。5) 如测量度盘读数小于 1，应调整倍率标度为较小倍数，再调整测量标度盘，多次调整后，指针完全平衡在中心线上。6) 测量标度盘的读数乘以倍率标度即得所测接地装置的接地电阻值。

6. 防排烟通风工程调试检测的准备工作包括（ ）。

A. 调试设备准备　　　　　　B. 调试检测方案准备

C. 人员组织准备　　　　　　D. 仪器、仪表准备

E. 风管调试准备

【答案】BCD

【解析】防排烟通风工程调试检测的准备工作有三个方面：人员组织准备；调试检测方案准备；仪器、仪表准备。

第十二章 施工区段和施工顺序划分

一、判断题

1. 工种顺序目的是解决工种之间在空间上的衔接关系。

【答案】错误

【解析】工种顺序目的是解决工种之间在时间上的衔接关系,必须在满足施工工艺要求的前提下,尽可能地利用工作面,使按工艺规律的两个相邻工种在时间上合理地和最大限度地搭接起来。

2. 安装工程施工单位为总承包单位。

【答案】错误

【解析】民用建筑工程土建施工单位为总承包单位,安装工程施工单位为分包单位,所以安装工程的区段划分要与土建工程的区段划分保持一致,以保证项目建设按期完成。

3. 阀门安装是在立管、支管的安装中交叉进行的。

【答案】正确

【解析】阀门安装是在立管、支管的安装中交叉进行的。

4. 盘柜施工安装顺序主要适用于变配电所内集中的高低压配电柜的安装。

【答案】正确

【解析】盘柜施工安装顺序主要适用于变配电所内集中的高低压配电柜的安装。

5. 喷头支管安装指的是在吊平顶上的喷头支管,一般不与管网同时完成,需与装饰工程同时进行,因而要单独试压。

【答案】正确

【解析】喷头支管安装指的是在吊平顶上的喷头支管,一般不与管网同时完成,需与装饰工程同时进行,因而要单独试压。

二、单选题

1. 如施工中某段管子需隐蔽的,则该段管子应先进行（　　）。
 A. 灌水试验和通球试验　　　　　　B. 通气试验和通球试验
 C. 灌水试验和通气试验　　　　　　D. 密闭试验和通球试验

【答案】A

【解析】如施工中某段管子需隐蔽的,则该段管子应先进行灌水试验和通球试验。

2. 接闪器安装要排在（　　）。
 A. 最末端　　　　　　　　　　　　B. 最前端
 C. 中间　　　　　　　　　　　　　D. 任何位置

【答案】A

【解析】接闪器安装要排在最末端。

三、多选题

1. 常用的施工组织方法有（　　）。
   A. 依次施工　　　　　　　B. 平行施工
   C. 顺序施工　　　　　　　D. 流水施工
   E. 方位施工

【答案】ABD

【解析】常用的施工组织方法有依次施工、平行施工和流水施工三种。

2. 施工的流向是由（　　）三个方面的要求决定的。
   A. 保证施工进度　　　　　B. 施工组织
   C. 缩短工期　　　　　　　D. 保证施工质量
   E. 保证施工进度

【答案】BCD

【解析】空间顺序的目的是解决施工的流向，施工的流向是由施工组织、缩短工期和保证施工质量三个方面的要求决定的。

3. 金属风管制作加工顺序由（　　）顺序合成。
   A. 板材加工　　　　　　　B. 型材加工
   C. 组合　　　　　　　　　D. 样板加工
   E. 卷材

【答案】ABC

【解析】金属风管制作加工顺序反映了金属薄板风管以现有加工机械制作的全部顺序安排，计由板材加工、型材加工、组合三个子顺序合成。

4. 系统组件指的是（　　）。
   A. 水流指示器　　　　　　B. 报警阀组
   C. 节流减压装置　　　　　D. 泄水阀
   E. 管道

【答案】ABC

【解析】系统组件指的是水流指示器、报警阀组、节流减压装置等，应在管网冲洗后安装，否则易在冲洗过程中导致损坏。

第十三章 进度计划与资源平衡

一、判断题

1. 合理的施工进度计划有利于工程实体的顺利形成，并确保工程质量、确保安全施工。

【答案】正确

【解析】合理的施工进度计划有利于工程实体的顺利形成，并确保工程质量、确保安全施工。

2. 施工进度计划编制后，必须对生产资源供给的状况和能力进行调查，作出评估。

【答案】错误

【解析】施工进度计划编制前，必须对生产资源供给的状况和能力进行调查，作出评估。

3. 按常规施工安排，泵房的水泵安装通常排在进度计划的收尾。

【答案】错误

【解析】按常规施工安排，泵房的水泵安装通常排在进度计划的首位。

4. 材料、施工机具的配置按作业计划安排分室内室外两大部分。

【答案】正确

【解析】材料、施工机具的配置按作业计划安排分室内室外两大部分。

5. 案例13-1：

B公司承建的某行政大楼的机电安装工程，其中通风与空调工程已进入调试阶段。空调工程要调整各房间风量、风速、温度、湿度和噪声等各项指标。由于系统多、工作量较大，防排烟工程主要在主楼有电梯的建筑部分，防排烟工程要经调试和消防功能验收，系统相对较少。由于作业队长对防排烟系统在理论上对工艺不够熟悉，尤其对诸多调节阀的功能和作用知之甚少，在进度计划实施后，指挥失当、调节效果不大，规定指标较难实现。因而作业进度缓慢，出现较大偏差，距离验收日期临近，施工员发现后进行了调整，预计不能按期完成。

案例13-1这种影响进度计划实施的因素属于项目内部造成的。

【答案】错误

【解析】案例13-1这种影响进度计划实施的因素属于项目外部造成的，主要是供应商违约，违背采购合同对产品供应质量的约定。

二、单选题

1. （　　）在施工活动的全部管理工作中属于首位的。
A. 编制好的施工进度计划　　B. 施工过程的各项措施
C. 施工进度的控制　　D. 施工进度计划的编制、实施和控制

【答案】D

【解析】施工进度计划的编制、实施和控制在施工活动的全部管理工作中属于首位的。

2. （　　）是编制同期的各种生产资源需要量计划的重要依据。
   A. 编制好的施工进度计划　　　　B. 施工过程的各项措施
   C. 施工进度的控制　　　　　　　D. 施工进度计划的编制、实施和控制

【答案】A

【解析】编制好的施工进度计划是编制同期的各种生产资源需要量计划的重要依据，包括人力资源、材料和工程设备、施工机械、施工技术和施工需要的资金等各种需要量计划。

3. 施工进度计划确定后，是（　　）的依据。
   A. 施工进度计划实施　　　　　　B. 编制生产资源供给计划
   C. 资源供给计划实施　　　　　　D. 编制资源管理计划

【答案】B

【解析】施工进度计划确定后，是编制生产资源供给计划的依据，该计划的执行是施工进度计划实施的物质保证。

4. 施工进度计划的执行是（　　）的物质保证。
   A. 施工进度计划实施　　　　　　B. 编制生产资源供给计划
   C. 资源供给计划实施　　　　　　D. 编制资源管理计划

【答案】A

【解析】施工进度计划确定后，是编制生产资源供给计划的依据，该计划的执行是施工进度计划实施的物质保证。

5. 为保证进度计划顺利实施，企业将采取的（　　）同时作出说明，以求取得共识。
   A. 经济措施和组织措施　　　　　B. 技术措施和组织措施
   C. 经济措施和技术措施　　　　　D. 管理措施和组织措施

【答案】A

【解析】为保证进度计划顺利实施，企业将采取的经济措施和组织措施同时作出说明，以求取得共识。

6. 正常调度是指（　　）。
   A. 发现进度计划执行发生偏差先兆或已发生偏差，采用对生产资源分配进行调整
   B. 进入单位工程的生产资源是按进度计划供给的
   C. 按预期方案将资源在各专业间合理分配
   D. 消除进度偏差

【答案】B

【解析】正常调度是指进入单位工程的生产资源是按进度计划供给的，调度的作用是按预期方案将资源在各专业间合理分配。

7. 正常调度的作用是（　　）。
   A. 发现进度计划执行发生偏差先兆或已发生偏差，采用对生产资源分配进行调整
   B. 进入单位工程的生产资源是按进度计划供给的
   C. 按预期方案将资源在各专业间合理分配
   D. 消除进度偏差

【答案】C

【解析】正常调度是指进入单位工程的生产资源是按进度计划供给的,调度的作用是按预期方案将资源在各专业间合理分配。

8. 应急调度是指( )。
   A. 发现进度计划执行发生偏差先兆或已发生偏差,采用对生产资源分配进行调整
   B. 进入单位工程的生产资源是按进度计划供给的
   C. 按预期方案将资源在各专业间合理分配
   D. 消除进度偏差

【答案】A

【解析】应急调度是指发现进度计划执行发生偏差先兆或已发生偏差,采用对生产资源分配进行调整,目的是消除进度偏差。

9. 案例13-2:

B公司承建一幢高层建筑商住楼的机电安装工程,其中建筑电气工程的导管埋设和电缆桥架及线槽敷设均已到位,因而安排月度作业计划时突出了两个可平行作业的分项工程,即管内穿线和桥架内电缆敷设,由两个作业队分别进行,工作面互不干扰,人员配备相当,测量估计要用20天方可完成。实施计划前,送检的电线质量检测报告通知,电线质量不符规定,要向供货商退货,更换合格的产品,为此B公司项目部调整了施工作业进度计划。

这种影响进度计划实施的因素主要是( )。
   A. 供应商违约,违背采购合同对产品供应质量的约定
   B. 施工方造成的问题
   C. 自然因素导致施工延迟
   D. 供应商与施工方没有商议好

【答案】A

【解析】案例13-2这种影响进度计划实施的因素属于项目外部造成的,主要是供应商违约,违背采购合同对产品供应质量的约定。

10. 案例13-3:

B公司承建的某行政大楼的机电安装工程,其中通风与空调工程已进入调试阶段。空调工程要调整各房间风量、风速、温度、湿度和噪声等各项指标。由于系统多、工作量较大,防排烟工程主要在主楼有电梯的建筑部分,防排烟工程要经调试和消防功能验收,系统相对较少。调试要求各场所的风压值符合规定,风压的分布规律符合要求,项目部依据业主与公安消防机构约定的日期安排了防排烟工程调试的作业进度计划。项目部考虑其系统较少,安排专业施工员负责通风空调工程的调试,作业队长负责防排烟系统调试。由于作业队长对防排烟系统在理论上对工艺不够熟悉,尤其对诸多调节阀的功能和作用知之甚少,在进度计划实施后,指挥失当、调节效果不大,规定指标较难实现。因而作业进度缓慢,出现较大偏差,距离验收日期日益临近,施工员发现后进行了调整,预计不能按期完成。

发生进度偏差的主要因素是( )。
   A. 在项目内部,属于项目管理不当   B. 作业队长不熟悉工艺要求造成的

C. 项目外部的影响因素　　　　　　D. 供货商供货质量发生差异

【答案】A

【解析】案例 13-3 发生进度偏差的主要因素是在项目内部，属于项目管理不当。

三、多选题

1. 工程实体的形成应是（　　）。
   A. 符合施工顺序　　　　　　　　B. 符合工艺规律
   C. 符合施工要求　　　　　　　　D. 符合施工进度
   E. 符合当前的科学技术水平

【答案】ABE

【解析】施工活动的结果是形成工程实体，工程实体的形成是符合施工顺序、符合工艺规律、符合当前的科学技术水平，而这三个符合体现在施工进度计划编制过程中。

2. 施工进度计划编制中应用（　　）方法或原则。
   A. 循环原理　　　B. 系统原理　　　C. 动态控制原理
   D. 施工进度原理　E. 信息反馈原理

【答案】ABCE

【解析】施工进度计划编制中应用的循环原理、系统原理、动态控制原理和信息反馈原理等方法或原则。

3. 如交底工作由企业组织，则参加的人员包括（　　）。
   A. 项目部的相关管理人员　　　　B. 作业队长
   C. 分包方的有关人员　　　　　　D. 业主
   E. 用户

【答案】ABC

【解析】如交底工作由企业组织，则参加的人员包括项目部的相关管理人员、作业队长、分包方的有关人员。

4. 案例 13-4：

A 公司承建的我国东南沿海某市旅游度假别墅群的机电安装工程，已处于收尾阶段，其中给水排水工程主要是室内卫生洁具的配管和每栋别墅的给水管冲洗消毒及排水管的通球试验，室外配合园林绿化做喷水池、水景等的给水管敷设。其时正值南方多雨季节，A 公司项目部安排了每个月的作业计划，由于计划安排较妥善，3 个月的收尾工作虽有曲折，但能如期完成。

案例 13-4 工程在收尾阶段的给水排水安装的特点（　　）。
   A. 工程比较零星分散　　　　　　B. 有室内室外两类作业环境
   C. 室外作业比较复杂　　　　　　D. 工程进度收室外环境影响
   E. 交代资源供给状况

【答案】AB

【解析】案例 13-4 工程在收尾阶段的给水排水安装的特点：一是工程比较零星分散，二是有室内室外两类作业环境。

5. 案例 13-5：

A公司承建的某医院通风与空调工程已处于试运转阶段，冷却水管道正在按计划进行用玻璃纤维瓦进行保冷。有三个作业班组平行作业与不同楼层，他们是共同完成了底层门诊大厅挂号室的冷却水保温工作而分工去各个楼层的，原因是门诊大厅的挂号室工程量大，天气渐热、人员密集流动性大，院方急于要使用，因此试运转通冷却水安排为首批。通水后发现玻璃纤维瓦浸满了凝结水，不断往外滴漏，犹如雨淋一般，究其原因，保冷瓦的内径与被保冷管外径不一致，留有空隙，致管壁结露，外敷的铝箔也不紧密，出现了如上所述的质量问题。施工员为此修正了进度计划，并进行了有关调查工作。

案例13-5 影响作业进度计划实施的可能有（　　　）。
A. 项目内部的施工方法失误造成的返工
B. 项目外部的影响因素
C. 对原材进场验收把关不严
D. 供货商供货质量发生差异
E. 在施工前做好技术交底工作

【答案】ABCD

　　【解析】案例13-5 影响作业进度计划实施的有项目内部的施工方法失误造成的返工，还有可能是对原材进场验收把关不严，也有可能是供货商供货质量发生差异，属于项目外部的影响因素。

第十四章 工程计价

一、判断题

1. 在招标答疑会上允许提出疑问,说明工程量复核的必要性。

【答案】正确

【解析】招标文件会对工程量提出两种不同的解释,一种是不论何种情况提供的工程量清单均不作调整,另一种是在招标答疑会上允许提出疑问,后一种情况说明工程量复核的必要性。

2. 工程造价的准确性不仅影响企业在市场竞争中的成败,更主要影响企业成本管理的有效性,直接对企业的盈利水平起决定性的作用。

【答案】正确

【解析】工程造价的准确性不仅影响企业在市场竞争中的成败,更主要影响企业成本管理的有效性,直接对企业的盈利水平起决定性的作用。

3. 企业定额的建立是在积累资料和数据的基础上,形成自己的定额也是软实力的表现。

【答案】正确

【解析】企业定额的建立是在积累资料和数据的基础上,形成自己的定额也是软实力的表现,当然也是企业的商业秘密。

4. 如果动力线路管内穿三根电线,其单线延长米数用导管长度乘三即得。

【答案】错误

【解析】如果动力线路管内穿三根电线,其单线延长米数不能简单地用导管长度乘三即得。

5. 地下室大规格风管的支吊架的材料选用、支架间距等应单独进行施工设计,要套用标准的最大规格尺寸。

【答案】错误

【解析】地下室大规格风管的支吊架的材料选用、支架间距等应单独进行施工设计,不能套用标准的最大规格尺寸,套用的话支吊架的重量必然减少,而出现漏洞项。大规格风管是指圆形风管直径大于2500mm的或矩形风管边长大于2500mm的。

二、单选题

1. 施工过程中大量的设计变更仍需采用( ),否则会对竣工结算造成影响。
A. 任一计取工程量 B. 人工计取工程量
C. 计算机计取工程量 D. 混合计取工程量

【答案】B

【解析】施工过程中大量的设计变更仍需采用人工计取工程量,否则会对竣工结算造成影响。

2. 费用定额的规定，没有（　　）特点，要注意时效的变化。
A. 地方性　　　　　　　　　　B. 变异性
C. 政策性　　　　　　　　　　D. 片面性

【答案】D

【解析】费用定额的规定，有地方性、政策性、变异性等特点，要注意时效的变化。

3. 大规格风管是指圆形风管直径大于（　　）mm 的。
A. 2500　　　　　　　　　　　B. 2400
C. 2000　　　　　　　　　　　D. 1500

【答案】A

【解析】地下室大规格风管的支吊架的材料选用、支架间距等应单独进行施工设计，不能套用标准的最大规格尺寸，套用的话支吊架的重量必然减少，而出现漏洞项。大规格风管是指圆形风管直径大于 2500mm 的或矩形风管边长大于 2500mm 的。

4. 大规格风管是指矩形风管边长大于（　　）mm 的。
A. 2500　　　　　　　　　　　B. 2400
C. 2000　　　　　　　　　　　D. 1500

【答案】A

【解析】地下室大规格风管的支吊架的材料选用、支架间距等应单独进行施工设计，不能套用标准的最大规格尺寸，套用的话支吊架的重量必然减少，而出现漏洞项。大规格风管是指圆形风管直径大于 2500mm 的或矩形风管边长大于 2500mm 的。

三、多选题

1. 招标文件会对工程量提出的解释有（　　）。
A. 不论何种情况提供的工程量清单均不作调整
B. 在招标答疑会上允许提出疑问
C. 解释招标工程
D. 招标工程方案
E. 在施工前做好技术交底工作

【答案】AB

【解析】招标文件会对工程量提出两种不同的解释，一种是不论何种情况提供的工程量清单均不作调整，另一种是在招标答疑会上允许提出疑问，后一种情况说明工程量复核的必要性。

第十五章 质量控制

一、判断题

1. 通过施工质量策划形成的施工质量计划等同于施工组织设计。

【答案】正确

【解析】中标后、开工前项目部首先要做的是编制实施的施工组织设计,而其核心是使进度、质量、成本和安全的各项指标能实现,关键是工程质量目标的实现,否则其他各项指标的实现就失去了基础。因而通过施工质量策划形成的施工质量计划等同于施工组织计划。

2. 质量交底可以与技术交底同时进行,施工员不可邀请质量员共同参加对作业队组的质量交底工作。

【答案】错误

【解析】质量交底可以与技术交底同时进行,施工员可邀请质量员共同参加对作业队组的质量交底工作。

3. 质量员发现抱箍构造不合理,其检查方法为监测法。

【答案】错误

【解析】质量员发现抱箍构造不合理,其检查方法为目测法。但为验证结构不合理会导致抱箍功能失效的检查方法要用实测法。

4. 项目部对工程质量控制各个阶段都有针对性的活动,自事前的编制施工组织设计、深化设计、人员上岗培训开始,到事中的材料筛选、管理人员加强巡视检查工程质量,最好把好检查验收关。说明项目部对工程质量策划的控制已全面。

【答案】正确

【解析】项目部对工程质量控制各个阶段都有针对性的活动,自事前的编制施工组织设计、深化设计、人员上岗培训开始,到事中的材料筛选、管理人员加强巡视检查工程质量,最好把好检查验收关。说明项目部在事前、事中、事后三个阶段都对工程质量进行了有效控制。

5. 案例 15-1:

某市星级宾馆由 A 公司总承包承建,各专业分包单位均纳入其质量管理体系,但未做经常性培训,也不作日常的运行检查。工程完工,正式开业迎客前,A 公司邀请若干名相关专家,协助 A 公司对工程质量及相关资料进行全面检查,准备整改后申报当地的工程质量奖项。经现场检查,屋面、客房、地下室机房等安装工程质量符合标准,大堂、墙地面均华丽质优,唯独专业配合施工的平顶上电气的灯具、通风的风口、消防的火灾探测器喷淋头、智能化的探头传感器等布置无序凌乱,破坏了建筑原有艺术风格,有必要进行返工重做,否则评奖会成问题。于是在查审相关资料时,专门查验了有关质量控制文件,发现平顶上设备安装要先放样,召集土建、安装、装修共同协调确认后,才能开孔留洞进行施工,而且明确说明这个控制点属于停止点。但查阅有关记录,无关于协调确认的记载。在技术上属于违反了工艺技术规律所导致的质量问题,只要按规定的顺序办理,就可以避免此类事故的发生。

【答案】 正确

【解析】 案例15-1在技术上属于违反了工艺技术规律所导致的质量问题，只要按规定的顺序办理，就可以避免此类事故的发生。

二、单选题

1. 中标后、开工前项目部首先要做的是（　　）。
   A. 工程质量目标的实现
   B. 编制实施的施工组织设计
   C. 使进度、质量、成本和安全的各项指标能实现
   D. 确定质量目标

【答案】 B

【解析】 中标后、开工前项目部首先要做的是编制实施的施工组织设计，而其核心是使进度、质量、成本和安全的各项指标能实现，关键是工程质量目标的实现。

2. 中标后、开工前项目部关键是（　　）。
   A. 工程质量目标的实现
   B. 编制实施的施工组织设计
   C. 使进度、质量、成本和安全的各项指标能实现
   D. 确定质量目标

【答案】 A

【解析】 中标后、开工前项目部首先要做的是编制实施的施工组织设计，而其核心是使进度、质量、成本和安全的各项指标能实现，关键是工程质量目标的实现。

3. 检查工序活动的结果，一旦发现问题，应采取的措施（　　）。
   A. 继续作业活动，在作业过程中解决问题
   B. 无视问题，继续作业活动
   C. 停止作业活动进行处理，直到符合要求
   D. 停止作业活动进行处理，不做任何处理

【答案】 C

【解析】 检查工序活动的结果，一旦发现问题，即停止作业活动进行处理，直到符合要求。

4. 质量员发现抱箍构造不合理，为验证构造不合理会导致抱箍功能失效的检查方法要用（　　）。
   A. 实测法　　　　　　　　　　B. 目测法
   C. 试验法　　　　　　　　　　D. 检测法

【答案】 A

【解析】 质量员发现抱箍构造不合理，其检查方法为目测法。但为验证构造不合理会导致抱箍功能失效的检查方法要用实测法。

5. 给水排水立管留洞位置失准属于（　　）阶段的控制失效。
   A. 施工准备阶段的前期　　　　B. 施工准备阶段的中期
   C. 施工准备阶段的后期　　　　D. 施工准备阶段的之前

【答案】C

【解析】由于安装工程正式开工要在建筑物结顶后，所以安装与土建工程的配合尚处于施工准备阶段的后期。

6. 质量员发现的管道承重支架有较大的质量缺陷是处于施工高峰期，应属于（　　）。
　　A. 事前阶段的质量控制　　　　　　B. 事后阶段的质量控制
　　C. 事中阶段的质量控制　　　　　　D. 施工阶段的质量控制

【答案】C

【解析】质量员发现的管道承重支架有较大的质量缺陷是处于施工高峰期，应属于事中阶段的质量控制。

7. 施工过程发生设计更变信息传递中断而造成质量问题，应属于（　　）。
　　A. 事前质量控制失效　　　　　　　B. 事中质量控制失效
　　C. 事后质量控制失效　　　　　　　D. 事前管理控制失效

【答案】B

【解析】施工过程发生设计更变信息传递中断而造成质量问题，应属于事中质量控制失效。

8. 案例15-2：
　　A公司承建一住宅楼群的机电安装工程，楼群坐落于一个大型公共地下车库上面。工程完工投入使用，情况良好，机电安装工程尤其是地下车库部分被行业协会授予样板工程超，为省内外同行参观学习的场所。项目部负责人主要介绍了地下车库的施工经验，包括编制切实可行的施工组织设计、进行深化设计，对给水排水、消防、电气、智能化、通风等各专业的工程实体按施工图要求作统一布排安装位置和标高，严格材料采购，加强材料进场验收，所有作业人员上岗前进行业务培训，并到样板室参观作业，采用先进仪器设备定位，合理安排与其他上岗定位的衔接，加强产品保护，避免发生作业中对已安装好产品的污染或移位，施工员、质量员实现每天三次巡视作业，及时处理发现的问题，用静态试验和动态考核项结合的方法把好最终检验关等。这些做法获得参观者的认同和好评。

　　案例15-2项目部在（　　）对工程质量进行了有效控制。
　　A. 事前　　　　　　　　　　　　　B. 事中
　　C. 事后　　　　　　　　　　　　　D. 事前、事中、事后三个阶段都

【答案】D

【解析】项目部对工程质量控制各个阶段都有针对性的活动，自事前的编制施工组织设计、深化设计、人员上岗培训开始，到事中的材料遴选、管理人员加强巡视检查工程质量，最终把好检查验收关。说明项目部在事前、事中、事后三个阶段都对工程质量进行了有效控制。

9. 做好玻璃钢风管的成品保护，属于（　　）。
　　A. 事前阶段质量控制　　　　　　　B. 事中阶段质量控制
　　C. 事后阶段质量控制　　　　　　　D. 事前阶段管理控制

【答案】B

【解析】风管系统在交工验收之前要补刷一道涂料或油漆，保持外观质量良好，所以属于事中阶段质量控制。

10. 首层两处检验两股充实水柱同时达到消火栓应到的最远点的能力，充实水柱一般取为（　　）m。

A. 10　　　　　　　　　　　　B. 15
C. 20　　　　　　　　　　　　D. 25

【答案】A

【解析】首层两处检验两股充实水柱同时达到消火栓应到的最远点的能力，充实水柱一般取为10m。

三、多选题

1. 施工质量策划的结果包括（　　）。
   A. 确定质量目标
   B. 建立管理组织机构
   C. 制定项目部各级部门和人员的职责
   D. 编制施工组织计划或质量计划
   E. 在企业通过认证的质量管理体系的基础上结合本项目实际情况，分析质量控制程序等有关资料是否需要补充和完善

【答案】ABCDE

【解析】施工质量策划的结果包括：确定质量目标；建立管理组织机构；制定项目部各级部门和人员的职责；编制施工组织计划或质量计划；在企业通过认证的质量管理体系的基础上结合本项目实际情况，分析质量控制程序等有关资料是否需要补充和完善。

2. 确定质量控制点的基础有（　　）。
   A. 按掌握的基础知识，区分各专业的施工工艺流程
   B. 熟悉工艺技术规律，熟悉依次作业顺序，能区分可并行工作的作业活动
   C. 能进行工序质量控制，明确控制的内容和重点
   D. 编制施工组织计划或质量计划
   E. 在企业通过认证的质量管理体系的基础上结合本项目实际情况，分析质量控制程序等有关资料是否需要补充和完善

【答案】ABC

【解析】确定质量控制点的基础，按掌握的基础知识，区分各专业的施工工艺流程；熟悉工艺技术规律，熟悉依次专业顺序，能区分可并行工作的专业活动；能进行工序质量控制，明确控制的内容和重点。

3. 案例15-3：

B公司承建某五星级酒店的机电安装工程，正处于施工高峰期。项目部质量员加强了日常巡视检查工作，发现给水管竖井内的大规格管道的承重支架用抱箍坐落在横梁上构成，其构造不够合理。具体表现为抱箍用螺栓紧固后，紧固处两半抱箍间接触面无间隙，折弯的耳部无筋板，抱箍与管道贴合不实局部有缝隙。说明抱箍不是处于弹性状态，日后管道通水后重量加大，摩擦力不够，会使承重支架失去功能，管道因之而位移，导致发生事故。质量员要求作业班组整改重做。

造成整改的原因是（　　）的因素影响了工程质量。

A. 材料或成品 B. 方法
C. 设计 D. 技术
E. 人

【答案】AE

【解析】从案例15-3背景可知承重支架抱箍因构造不合理而返工，影响质量的直接因素是材料或成品。但成品的结果不合理又归因于方法不合理，因而影响质量有方法的一面。但这些都是人为的，所以影响因素离不开人的作用。

4. 案例15-4：

A公司承建一住宅楼群的机电安装工程，楼群坐落于一个大型公共地下车库上面。工程完工投入使用，情况良好，机电安装工程尤其是地下车库部分被行业协会授予样板工程称号，为省内外同行参观学习的场所。项目部负责人主要介绍了地下车库的施工经验，包括编制切实可行的施工组织设计、进行深化设计，对给水排水、消防、电气、智能化、通风等各专业的工程实体按施工图要求作统一布排安装位置和标高，严格材料采购，加强材料进场验收，所有作业人员上岗前进行业务培训，并到样板室观摩作业，采用先进仪器设备（如激光、红外准直仪）定位，合理安排与其他施工单位的衔接，加强成品保护，避免发生作业中对已安装好成品的污染或移位，施工员、质量员实行每天三次巡视作业，及时处理发现的质量问题，用静态试验和动态考核相结合的办法把好最终检验关等。这些做法获得参观者的认同和好评。

从背景分析项目部质量策划达到哪些（ ）目的。
A. 质量策划有效
B. 质量目标和组织结构有明显的成果
C. 落实责任和编制具有可操控性的质量计划有明显的成果
D. 完善质量管理体系有明显的成果
E. 更换应用设备

【答案】ABCD

【解析】项目部的质量策划有效，在质量目标、组织结构、落实责任、编制具有可操作性的质量计划和完善质量管理体系等各方面都有明显的成果。

5. 建筑智能化工程综合布线敷设的线缆，敷设完成均要检查测试，检测的内容包括（ ）。
A. 线缆的弯曲半径
B. 线槽敷设、暗管敷设、线缆间的最大允许距离
C. 建筑物内电缆、光缆及其导管与其他管线间距离
D. 电缆和绞线的芯线起始接点
E. 电缆和绞线的芯线终端接点

【答案】ACE

【解析】建筑智能化工程综合布线敷设的线缆是传递信号的路径，信号的量级小，因而敷设完成均要检查测试。检测的内容包括：线缆的弯曲半径，线槽敷设、暗管敷设、线缆间的最小允许距离，建筑物内电缆、光缆及其导管与其他管线间距离，电缆和绞线的芯线终端接点等。

第十六章 安全控制

一、判断题

1. 机械使用：施工机械的防护装置要齐全、完好，有持证操作要求的施工机械，操作者必须持证上岗。

【答案】正确

【解析】机械使用：施工机械的防护装置要齐全、完好，有持证操作要求的施工机械，操作者必须持证上岗。

2. 安全技术交底活动要形成交底记录，记录要有参加交底活动的90%以上人员的签字，记录由项目部专职安全员整理归档。

【答案】错误

【解析】安全技术交底活动要形成交底记录，记录要有参加交底活动的全部人员的签字，记录由项目部专职安全员整理归档。

3. 建筑物施工时用来做横向运输的平台，楼层边沿接料等处，均应装设安全门或活动栏杆。

【答案】错误

【解析】建筑物施工时用来做垂直运输的平台，楼层边沿接料等处，均应装设安全门或活动栏杆。

4. 遇有7级以上大风、大雪、大雾及雷暴雨等恶劣天气时，应停止露天作业，并做好吊装构件和吊装机械的加固工作。

【答案】错误

【解析】遇有6级以上大风、大雪、大雾及雷暴雨等恶劣天气时，应停止露天作业，并做好吊装构件和吊装机械的加固工作。

5. 油漆作业的防护首要是对人和工作环境的防护。

【答案】错误

【解析】油漆作业的防护主要是对人和工作环境的防护，主要有以下几个方面：油漆作业时，应通风良好，戴好防护口罩及有关用品；患有皮肤过敏、眼结膜炎及对油漆敏者不得从事该项作业；油漆作业应在工作中考虑适当的工间休息；室内配料及施工应通风良好且站在上风头等。

二、单选题

1. （　　），由项目部技术负责人向全体员工进行交底。
A. 工程项目开工前　　　　　B. 工程项目开工后
C. 单位施工开工前　　　　　D. 单位施工开工后

【答案】A

【解析】工程项目开工前，由项目部技术负责人向全体员工进行交底，内容包括工程概况、施工方法、主要安全技术措施等。

2. （　　）要向本队组员工结合作业情况进行安全交底。
   A. 作业队组长　　　　　　　　B. 项目经理
   C. 工程监理　　　　　　　　　D. 质量员

【答案】A

【解析】作业队组长要向本队组员工结合作业情况进行安全交底。

3. 单机试运转要编制专门方案，明确分工，要有意外发生的（　　）。
   A. 防范措施　　　　　　　　　B. 应急预案
   C. 防范措施和应急预案　　　　D. 保护措施

【答案】C

【解析】单机试运转要编制专门方案，明确分工，要有意外发生的防范措施和应急预案。

4. 安全检查应注意将互查与自查有机结合起来，坚持检查和整改相结合，关注建立安全生产档案资料的收集，（　　）是基础。
   A. 常抓不懈　　　　　　　　　B. 贯彻落实责任
   C. 强化管理　　　　　　　　　D. 以人为本

【答案】C

【解析】安全检查应注意将互查与自查有机结合起来，坚持检查和整改相结合，关注建立安全生产档案资料的收集，贯彻落实责任是前提、强化管理是基础、以人为本是关键、常抓不懈为保证的原则。

5. 重荷载脚手架、施工荷载显著偏于一侧的脚手架和高度超过（　　）m的脚手架必须进行设计和计算。
   A. 15　　　　　　　　　　　　B. 10
   C. 20　　　　　　　　　　　　D. 23

【答案】A

【解析】特殊工程脚手架，如重荷载脚手架、施工荷载显著偏于一侧的脚手架和高度超过15m的脚手架必须进行设计和计算。

6. （　　）级以上大风、大雾、大雨和大雪天气应暂停在脚手架上作业。
   A. 8　　　　　　　　　　　　B. 7
   C. 6　　　　　　　　　　　　D. 5

【答案】C

【解析】6级以上大风、大雾、大雨和大雪天气应暂停在脚手板上作业。

7. 高度超过（　　）m的建筑物的周边，当无外脚手架时，应在外围边沿架设一道安全平网。
   A. 2.3　　　　　　　　　　　B. 3.2
   C. 2.4　　　　　　　　　　　D. 2.1

【答案】B

【解析】高度超过3.2m的建筑物的周边以及首层墙体超过3.2m时的二层楼面，当无外脚手架时，应在外围边沿架设一道安全平网。

8. 深度在（　　）的桩孔与管道孔洞等边沿上的施工作业属于洞口作业。
   A. 2m 和 2m 以下　　　　　　　　B. 2m 和 2m 以上
   C. 3m 和 3m 以下　　　　　　　　D. 2m 和 2m 以上

【答案】A

【解析】深度在 2m 和 2m 以下的桩孔与管道孔洞等边沿上的施工作业属于洞口作业。

9. 位于车辆行驶通道旁的洞口，盖板应能承受不小于卡车后轮有效承载力（　　）倍的荷载能力。
   A. 3　　　　　　　　　　　　　　B. 2.5
   C. 2　　　　　　　　　　　　　　D. 1.5

【答案】C

【解析】位于车辆行驶通道旁的洞口，盖板应能承受不小于卡车后轮有效承载力 2 倍的荷载能力。

10. 指挥人员的职责与要求，在开始起吊时，应先用微动信号指挥，待负载离开地面（　　）并稳定后，再用正常速度指挥。
    A. 10～30cm　　　　　　　　　　B. 20～40cm
    C. 10～20cm　　　　　　　　　　D. 20～30cm

【答案】C

【解析】指挥人员的职责与要求：指挥人员应按照 GB 5082 的规定进行指挥；指挥人员发出的指挥信号必须清晰、准确；指挥人员应站在使操作人员能看清指挥信号的安全位置上；负载降落前，指挥人员必须确认降落区域安全后，方可发出安全信号；在开始起吊时，应先用微动信号指挥，待负载离开地面 10～20cm 并稳定后，再用正常速度指挥。

11. 外电线路电压为 1kV 以下，脚手架与外电架空线路的边线之间最小安全操作距离为（　　）m。
    A. 6　　　　　　　　　　　　　　B. 5
    C. 4　　　　　　　　　　　　　　D. 4.5

【答案】C

【解析】见表 16-1 所示。

脚手架与外电架空线路的边线之间最小安全操作距离　　　　表 16-1

外电线路电压	1kV 以下	1～10kV	35～110kV	154～220kV	330～500kV
最小安全操作距离（m）	4	6	8	10	15

12. 接地体可用（　　）角钢。
    A. 50×3　　　　　　　　　　　　B. 60×3
    C. 50×5　　　　　　　　　　　　D. 60×5

【答案】C

【解析】接地体可用 50×5 角钢或 φ50 钢管，长度为 2.5m，不得使用螺纹钢。

13. 柴油发电机周围（　　）m 内不得使用火炉火喷灯，不得存放易燃物。
    A. 6　　　　　　　　　　　　　　B. 5

C. 4   D. 7

【答案】C

【解析】柴油发电机周围4m内不得使用火炉火喷灯，不得存放易燃物。

14. 试运行期间金属容器内进行抢修工作前，应采取强迫通风方法，使内部温度不超过（　　）℃，严禁用氧气作为通风的风源。

A. 45   B. 50
C. 40   D. 30

【答案】C

【解析】试运行期间金属容器内进行抢修工作前，应采取强迫通风方法，使内部温度不超过40℃，严禁用氧气作为通风的风源。

15. 作业场所油漆涂料存放量一般不超过（　　）天使用量，不得过多存放。

A. 4   B. 3
C. 2   D. 1

【答案】C

【解析】作业场所油漆涂料存放量一般不超过2天使用量，不得过多存放。

16. 现行规定脚手架使用的均布荷载不得超过（　　）N/m²。

A. 2548   B. 2448
C. 2648   D. 2248

【答案】C

【解析】现行规定脚手架使用的均布荷载不得超过2648N/m²。

三、多选题

1. 安全防范工作的基本原则有（　　）。

A. 安全第一、预防为主   B. 以人为本、维护作业人员的合法权益
C. 实事求是   D. 现实性和前瞻性相结合
E. 权责一致

【答案】ABCDE

【解析】安全防范工作的五个基本原则：安全第一、预防为主；以人为本、维护作业人员的合法权益；实事求是；现实性和前瞻性相结合；权责一致。

2. 工程项目开工前，由项目部技术负责人向全体员工进行交底，内容包括（　　）。

A. 工程概况   B. 施工方法
C. 主要安全技术措施   D. 施工方案
E. 工程图纸

【答案】ABC

【解析】工程项目开工前，由项目部技术负责人向全体员工进行交底，内容包括工程概况、施工方法、主要安全技术措施等。

3. 高空作业方面：防护用品状况包括（　　）。

A. 个人配安全带、安全帽   B. 个人身体素质
C. 设施有安全网   D. 设施有防护栏

E. 安全设备

【答案】ACD

【解析】高空作业方面：作业人员健康状况，无高血压带病作业、无酒后高空作业、无疲劳作业等。防护用品状况，依据不同情况，个人配安全带、安全帽，设施有安全网、防护栏等。

4. 加强使用过程中的检查，发现（　　）等应立即处理。
   A. 立杆沉陷或悬空 B. 连接松动
   C. 架子歪斜 D. 杆件变形
   E. 立杆裂痕

【答案】ABCD

【解析】加强使用过程中的检查，发现立杆沉陷或悬空、连接松动、架子歪斜、杆件变形等应立即处理。

5. 起重设备安全操作应注意事项有（　　）。
   A. 起重设备属于特种设备，必须持证操作，操作时精力要集中
   B. 工作前要进行空载试验，检查各部位有无缺陷，安全装置是否灵敏可靠
   C. 运行时应先鸣信号，禁止吊物从人头上驶过
   D. 工作中必须执行和遵守"十不吊"
   E. 吊车停止使用时，不准悬挂重物

【答案】ABCDE

【解析】起重设备安全操作应注意事项：起重设备属于特种设备，必须持证操作，操作时精力要集中；工作前要进行空载试验，检查各部位有无缺陷，安全装置是否灵敏可靠；运行时应先鸣信号，禁止吊物从人头上驶过；工作中必须执行和遵守"十不吊"；当吊运重物降落到最低位置时，卷筒上所存在钢丝不得小于两圈；吊车停止使用时，不准悬挂重物；在轨道上露天作业的起重机，工作结束应将起重机锚定住。当风力大于6级时，应停止作业。

6. 发电机控制屏宜装设（　　）。
   A. 交流电压表 B. 交流电流表
   C. 电度表 D. 频率表
   E. 直流电流表

【答案】ABCDE

【解析】发电机控制屏宜装设交流电压表、交流电流表、有功功率表、电度表、功率因素表、频率表和直流电流表。

7. 油漆作业的防护主要有以下几个方面（　　）。
   A. 油漆作业时，应通风良好，戴好防护口罩及有关用品
   B. 患有皮肤过敏、眼结膜炎及对油漆过敏者不得从事该项作业
   C. 油漆作业应在工作中考虑适当的工间休息
   D. 低血压者不可进行油漆作业
   E. 室内配料及施工应通风良好且站在上风头

【答案】ABCE

【解析】 油漆作业的防护主要是对人和工作环境的防护,主要有以下几个方面:油漆作业时,应通风良好,戴好防护口罩及有关用品;患有皮肤过敏、眼结膜炎及对油漆过敏者不得从事该项作业;油漆作业应在工作中考虑适当的工间休息;室内配料及施工应通风良好且站在上风头等。

第十七章 施工记录

一、判断题

1. 施工记录是工程使用维护和改造扩建的重要基础资料。

【答案】正确

【解析】施工记录是工程使用维护和改造扩建的重要基础资料;是评定工程质量的依据;是竣工结算审核的依据;是厘清责任的佐证。

2. 由法规明确的施工记录的内容随着规范标准的修订而变更。

【答案】错误

【解析】施工记录有两种类型:第一种是由法规明确的,还有管理制度明确的。第二种主要在各专业施工规范或管理规范标准中规定的技术施工记录,这类记录的内容随着规范标准的修订而变更。

3. 施工质量验收最主要的是检验批质量验收记录。

【答案】错误

【解析】施工质量验收最基础的是检验批质量验收记录。

4. 要把施工记录的形成时间充分考虑到设计变更送达时间和工程形成时间,要有序结合起来。

【答案】正确

【解析】要把施工记录的形成时间充分考虑到设计变更送达时间和工程形成时间,要有序结合起来。

5. 整个系统联合调试和试运行试验结果形成的记录统称为系统调试试运行记录。

【答案】正确

【解析】通风与空调工程施工试验类记录有两大类。一类是单体单机的措施试验,如风管的密闭性试验、风机的单机试运行、电动或气动调节阀的单校、冷却水的水泵试运转试验等。二类是整个系统联合调试和试运行试验,包括空载试运行和有负荷试运行或满负荷试运行,这类试验结果形成的记录统称为系统调试试运行记录。

二、单选题

1. 纸质载体记录使用复印纸幅面尺寸,宜为(　　)幅面。
   A. A2   B. A3
   C. A4   D. A5

【答案】C

【解析】纸质载体记录使用复印纸幅面尺寸,宜为A4幅面。

2. 施工记录间的时间顺序、制约条件和(　　)要相符。
   A. 有机联系   B. 土建工程之间的交叉配合
   C. 目录   D. 分包之间的记录

【答案】A

【解析】施工记录要符合规范要求、现场实际情况、专业部位要求。施工记录间的时间顺序、制约条件和有机联系要相符;安装工程与土建工程之间的交叉配合要相符;总包和分包之间的记录要相符;内容与目录要相符等。

3. 安装工程与( )要相符。
   A. 有机联系　　　　　　　　B. 土建工程之间的交叉配合
   C. 目录　　　　　　　　　　D. 分包之间的记录

【答案】B

【解析】施工记录要符合规范要求、现场实际情况、专业部位要求。施工记录间的时间顺序、制约条件和有机联系要相符;安装工程与土建工程之间的交叉配合要相符;总包和分包之间的记录要相符;内容与目录要相符等。

4. 施工记录的内容与( )要相符。
   A. 有机联系　　　　　　　　B. 土建工程之间的交叉配合
   C. 目录　　　　　　　　　　D. 分包之间的记录

【答案】C

【解析】施工记录要符合规范要求、现场实际情况、专业部位要求。施工记录间的时间顺序、制约条件和有机联系要相符;安装工程与土建工程之间的交叉配合要相符;总包和分包之间的记录要相符;内容与目录要相符等。

5. 房屋建筑安装工程中排水是( )。
   A. 机械流　　　　　　　　　B. 重力流
   C. 动力流　　　　　　　　　D. 压力流

【答案】B

【解析】房屋建筑安装工程中排水是重力流。

6. 材料进场验收是重要一环,目的是( )。
   A. 检验材料的质量和数量是否符合材料采购合同的约定,判定是否由于运输原因发生变异
   B. 检验材料的质量是否符合材料采购合同的约定,判定是否由于运输原因发生变异
   C. 检验材料数量是否符合材料采购合同的约定,判定是否由于运输原因发生变异
   D. 检验材料的质量或数量是否符合材料采购合同的约定,判定是否由于运输原因发生变异

【答案】A

【解析】材料进场验收是重要一环,目的是检验材料的质量和数量是否符合材料采购合同的约定,判定是否由于运输原因发生变异,这个记录应属于预检记录范畴。

7. 通风与空调工程的调试和调整目的是( )。
   A. 把系统的每个出口用户的风量、风速、风压及温度和湿度等调整到设计预期值或用户满意值
   B. 把系统的每个进口的风量、风速、风压及温度和湿度等调整到设计预期值或用户满意值
   C. 把支管每个出口用户的风量、风速、风压及温度和湿度等调整到设计预期值或用

户满意值

D. 把支管每个进口的风量、风速、风压及温度和湿度等调整到设计预期值或用户满意值

【答案】A

【解析】通风与空调工程的调试和调整目的是把系统的每个出口用户的风量、风速、风压及温度和湿度等调整到设计预期值或用户满意值，其主要手段是对各类自动或手动的调节阀达到某一个适当的开度，就可满足要求。

8. 通风与空调工程的调试和调整主要手段是（　　）。
A. 对各类自动或手动的调节阀达到某一个适当的开度，就可满足要求
B. 对各类自动和手动的调节阀达到50%的开度，就可满足要求
C. 对各类自动或手动的调节阀达到80%的开度，就可满足要求
D. 对各类自动或手动的调节阀达到60%开度，就可满足要求

【答案】A

【解析】通风与空调工程的调试和调整目的是把系统的每个出口用户的风量、风速、风压及温度和湿度等调整到设计预期值或用户满意值，其主要手段是对各类自动或手动的调节阀达到某一个适当的开度，就可满足要求。

三、多选题

1. 施工记录内容的质量要求包括（　　）。
A. 符合性　　　　　　　　B. 真实性
C. 准确性　　　　　　　　D. 及时性
E. 规范化

【答案】ABCDE

【解析】施工记录内容的质量要求：符合性、真实性、准确性、及时性、规范化等。

2. 施工记录要符合（　　）。
A. 规范要求　　　　　　　B. 现场实际情况
C. 专业部位要求　　　　　D. 施工计划
E. 施工方案

【答案】ABC

【解析】施工记录要符合规范要求、现场实际情况、专业部位要求。施工记录间的时间顺序、制约条件和有机联系要相符；安装工程与土建工程之间的交叉配合要相符；总包和分包之间的记录要相符；内容与目录要相符等。

3. 施工记录有哪两种类型：（　　）。
A. 法规明确的，还有管理制度中明确的
B. 主要在各专业施工规范或管理标准中规定的技术性施工记录
C. 特殊作业施工记录
D. 施工法规明确的
E. 国家特殊规定

【答案】AB

【解析】施工记录有两种类型：第一种是由法规明确的，还有管理制度明确的。第二种主要在各专业施工规范或管理标准中规定的技术性施工记录，这类记录的内容随着规范标准的修订而变更。

4. 图纸变更的原因可能有（   ）。
   A. 设计单位发现原设计不妥主动提出变更
   B. 业主或用户依据需要的变化提出变更
   C. 施工单位发现施工有问题而提出变更
   D. 图纸不符合相关规范要求
   E. 气候的变化引起的变动

【答案】ABC

【解析】图纸变更的原因可能有三种情况。一是设计单位发现原设计不妥主动提出变更，二是业主或用户依据需要的变化提出变更，三是施工单位发现施工有问题而提出变更。

5. 通风与空调工程施工试验类记录有（   ）。
   A. 风管的密闭性试验
   B. 整个系统联合调试和试运行试验
   C. 单体双机的措施试验
   D. 单体混合机的措施试验
   E. 单体单机的措施试验

【答案】BE

【解析】通风与空调工程施工试验类记录有两大类。一类是单体单机的措施试验，如风管的密闭性试验、风机的单机试运行、电动或气动调节阀的单校、冷却水的水泵试运转试验等。二类是整个系统联合调试和试运行试验，包括空载试运行和有负荷试运行或满负荷试运行，这类试验结果形成的记录统称为系统调试试运行记录。

6. 整个系统联合调试和试运行试验包括（   ）。
   A. 空载试运行   B. 有载试运行
   C. 满负荷试运行   D. 变负荷试运行
   E. 90%负荷试运行

【答案】ABC

【解析】通风与空调工程施工试验类记录有两大类。一类是单体单机的措施试验，如风管的密闭性试验、风机的单机试运行、电动或气动调节阀的单校、冷却水的水泵试运转试验等。二类是整个系统联合调试和试运行试验，包括空载试运行和有负荷试运行或满负荷试运行，这类试验结果形成的记录统称为系统调试试运行记录。

施工员（设备方向）岗位知识与专业技能试卷

一、判断题（共20题，每题1分）

1. 施工现场暂时停止施工的，应当做好现场的防护。

【答案】（   ）

2. 施工组织设计以施工项目为对象编制的，用于指导施工的技术、经济和管理的综合性文件。

【答案】（   ）

3. 规模较大的分部工程和专项工程的施工方案要按单位工程施工组织设计进行编制和审批。

【答案】（   ）

4. 施工进度计划是把预期施工完成的工作按时间坐标序列表达出来的书面文件。

【答案】（   ）

5. 进度控制的目的是在进度计划预期目标引导下，对实际进度进行合理调节，以使实际进度符合目标要求。

【答案】（   ）

6. 施工现场管理的基本要求：在管理实施中坚持"安全第一、预防为主、综合治理"的理念。

【答案】（   ）

7. 质量好坏和高低是根据产品所具备的质量特性能否满足人们需求及满足程度来衡量的。

【答案】（   ）

8. 管理目的是要在保证工期、质量安全的前提下，采取相应的管理措施，把成本控制在计划范围内，并进一步寻求最大程度的成本降低途径，力争成本费用最小化。

【答案】（   ）

9. 成本管理的基本程序就是宏观上成本控制必须做到的六个环节或六个方面。

【答案】（   ）

10. 汽车式起重机具有机动性能好、运行速度快、转移方便等优点。

【答案】（   ）

11. 房屋建筑安装工程的承包单位是建筑工程承包总单位。

【答案】（   ）

12. 在建筑电气工程的施工图中大量采用轴测图表示，原因是轴测图立体感强，便于作业人员阅读理解。

【答案】（   ）

13. 施工技术交底是施工活动开始前的一项有针对性的，关于施工技术方面的，技术管理人员向作业人或下级技术管理人员向上级技术管理人员做的符合法规规定、符合技术管理制度要求的重要工作。

14. 试压前施工员应先确定试压的性质是单项试压还是双项试压。

【答案】（   ）

15. 空间顺序的目的是解决施工的流向。

【答案】（   ）

16. 施工活动的结果是形成工程实体。

【答案】（   ）

17. 材料、施工机具的配置按作业计划安排分室内室外两大部分。

【答案】（   ）

18. 无论人工计算工程造价还是计算机计算工程造价，前提条件是对施工图纸的熟悉程度，决定了计取工程量的准确性。

【答案】（   ）

19. 质量交底可以与技术交底同时进行，施工员不可邀请质量员共同参加对作业队组的质量交底工作。

【答案】（   ）

20. 施工平面布置方面：施工场地的坑、洞均应有防坠落伤人的安全措施，装有设备的地坑内不应有排水设施。

【答案】（   ）

二、单选题（共40题，每题1分）

21. 施工作业人员的权利（   ）。
   A. 有权获得安全防护用具和安全防护服装
   B. 正确使用安全防护用具和用品
   C. 应当遵守安全规章制度和操作规程
   D. 应当遵守安全施工的强制性标准

22. 属于建筑工程检测的目的（   ）。
   A. 对施工计划进行验证
   B. 参与建筑新结构、新技术、新产品的科技成果鉴定
   C. 保证建筑工程质量
   D. 加快施工进度

23. 应选用安全电压照明灯具，潮湿和易触及带电的场所，电源电压不大于（   ）V。
   A. 12   B. 24
   C. 36   D. 60

24. 施工组织总设计以（   ）为主要对象编制的施工组织设计，有（   ）的作用。
   A. 若干单位工程组成的群体工程或特大型工程项目。对整个项目的施工过程起到统筹规划、重点控制
   B. 单位工程，对单位工程的施工工程起指导和制约
   C. 分部工程或专项工程，对具体指导其施工工程

D. 专项工程,对单位工程的施工工程起指导和制约

25. 单位工程施工组织设计以( )为主要对象编制的施工组织设计,对( )作用。

　　A. 若干单位工程组成的群体工程或特大型工程项目,整个项目的施工过程起到统筹规划、重点控制

　　B. 单位工程,单位工程的施工工程起指导和制约

　　C. 分部工程或专项工程,具体指导其施工工程

　　D. 专项工程,单位工程的施工工程起指导和制约

26. 施工方案以( )为主要对象编制的施工技术和组织方案,用以( )。

　　A. 若干单位工程组成的群体工程或特大型工程项目,整个项目的施工过程起到统筹规划、重点控制的作用

　　B. 单位工程,单位工程的施工工程起指导和制约作用

　　C. 分部工程或专项工程,具体指导其施工工程

　　D. 专项工程,单位工程的施工工程起指导和制约作用

27. 不属于主要施工管理计划的有( )。

　　A. 进度管理计划　　　　　　B. 成本管理计划

　　C. 环境管理计划　　　　　　D. 绿色施工管理计划

28. 施工作业进度计划是对单位工程进度计划目标分解后的计划,可按( )为单元进行编制。

　　A. 单位工程　　　　　　　　B. 分项工程或工序

　　C. 主项工程　　　　　　　　D. 分部工程

29. 不属于影响进度控制的有( )。

　　A. 动态控制原理　　　　　　B. 循环原理

　　C. 静态控制原理　　　　　　D. 弹性原理

30. 进度计划调整的方法不包括( )。

　　A. 改变作业组织形式

　　B. 在不违反工艺规律的情况下改变专业或工序衔接关系

　　C. 修正施工方案

　　D. 各专业分包单位不能如期履行分包合同

31. 高空作业要从( )入手加强安全管理。

　　A. 作业人员的身体健康状况和配备必要的防护设施

　　B. 完备的操作使用规范

　　C. 需持证上岗的人员

　　D. 上岗方案的审定

32. 环境事故发生后的处置不包括( )。

　　A. 建立对施工现场环境保护的制度

　　B. 按应急预案立即采取措施处理,防止事故扩大或发生次生灾害

　　C. 积极接受事故调查处理

　　D. 暂停相关施工作业,保护好事故现场

33. 不属于施工项目质量管理的特点（　　）。
   A. 贯彻科学、公正、守法的职业规范
   B. 影响质量的因素多
   C. 质量检查不能解体、拆卸
   D. 易产生第一、第二判断错误
34. 实测法，实测检查法的手段可归纳为（　　）。
   A. 看、摸、敲、照四个字　　　B. 目测法、实测法和试验法三种
   C. 靠、吊、量、套四个字　　　D. 计划、实施、检查和改进
35. 项目管理层是（　　）。
   A. 其管理以企业确定的项目成本为目标，体现现场生产成本控制中心的监理职能
   B. 其管理从投标开始止于结算的全过程，着眼于体现效益中心的监督职能
   C. 其管理从投标开始止于结算的全过程，着眼于体现效益中心的管理职能
   D. 其管理以企业确定的施工成本为目标，体现现场生产成本控制中心的管理职能
36. 成本计划是（　　）。
   A. 在预测的基础上，以货币的形式编制的在工程施工计划期内的生产费用、成本水平和成本降低率，以及为降低成本采取的主要措施和规范的书面文件
   B. 把生产费用正确地归集到承担的客体
   C. 指在施工活动中对影响成本的因素进行加强管理
   D. 说把费用归集到核算的对象账上
37. 工程的承包合同主要指（　　）。
   A. 预算收入为基本控制目标　　　B. 成本控制的指导性文件
   C. 实际成本发生的重要信息来源　　D. 施工成本计划
38. 导轨架的作用是（　　）。
   A. 按一定间距连接导轨架与建筑物或其他固定结构，用以支撑导轨架，使导轨架直立、可靠、稳固
   B. 为防护吊笼离开底层基础平台后
   C. 用以支承和引导吊笼、对重等装置运行，使运行方向保持垂直
   D. 用以运载人员或货物，并有驾驶室，内设操控系统
39. 捯链的起重能力一般不超过（　　）t，起重高度一般不超过（　　）m。
   A. 15，6　　　　　　　　　　　B. 10，7
   C. 15，7　　　　　　　　　　　D. 10，6
40. 焊机的一次电源线长度不宜超过（　　）m。
   A. 2～4　　　　　　　　　　　B. 3～5
   C. 2～3　　　　　　　　　　　D. 1～3
41. 案例1
   A公司自B公司分包承建某商住楼的建筑设备安装工程，该工程地下一层为车库及变配电室和水泵房鼓风机房组成的动力中心，地上三层为商业用户，四层以上为住宅楼。建筑物的公用部分，如车库、动力中心、走廊等要精装饰交付，商场和住宅未毛坯交付。B公司安排了单位工程施工组织设计，提出施工总进度计划，交给A公司，并要求A公司

标志建筑设备安装进度计划交总包方审查,以利该工程按期交付业主。

案例中 A 公司接到 B 公司的施工总进度计划后,应策划价值设备安装施工接到计划:第一阶段是(　　)。

A. 与土建工程施工全面配合阶段
B. 全面安装的高峰阶段
C. 安装工程由高峰转入收尾,全面进行试运转阶段
D. 安装工程结束阶段

42. 施工方案比较通常用(　　)两个方面进行分析。

A. 技术和经济　　　　　　　B. 重要和经济
C. 技术和重要　　　　　　　D. 方案和经济

43. 在给水排水工程图的,阅读中要注意施工图上标注的(　　),是否图形相同而含义不一致。

A. 设备材料表　　　　　　　B. 尺寸图例
C. 标题栏　　　　　　　　　D. 图例符号

44. 测量矩形断面的测点划分面积不大于(　　)m^2,控制边长在(　　)mm 间,最佳为小于(　　)mm。

A. 0.05,200~250,220　　　B. 0.03,200~250,200
C. 0.03,200~300,220　　　D. 0.05,200~300,200

45. 施工技术交底的内容主要包括(　　)两个主要方面。

A. 技术和安全　　　　　　　B. 技术和经济
C. 经济和安全　　　　　　　D. 技术和重要

46. 交底时技术方面包括(　　)。

A. 要在竖井每个门口设警戒标志,提醒安全作业不要跌入井道内
B. 每根电缆的走向、规格,按测绘长度的同规格拼盘方式和部位
C. 电缆竖井内作业要防止高空坠物
D. 在电缆竖井未作隔堵前敷设电缆

47. 对风管材料进场验收的内容主要包括(　　)。

A. 风管的材质、规格、强度和严密性与成品的外观质量
B. 风管的设计和尺寸。
C. 风管的尺寸、规格和外观
D. 风管的材质、规格、强度和严密性

48. 水泵运转时发生跳动,大部原因是(　　)。

A. 转动部分不平衡,产生离心力所致
B. 轴心转动不一致
C. 连轴器不同心
D. 两轴即无径向位移,也无角向位移,两轴中心线完全重合

49. ZC-8 接地电阻测量仪使用注意事项有:接地极、电位探测针、电流探测针三者成一直线,(　　)居中,三者等距,均为 20m。

A. 接地极　　　　　　　　　B. 电位探测针

C. 电流探测针 D. 接地极和电流探测针

50. 如施工中某段管子需隐蔽的,则该段管子应先进行（ ）。
   A. 灌水试验和通球试验 B. 通气试验和通球试验
   C. 灌水试验和通气试验 D. 密闭试验和通球试验

51. 接闪器安装要排在（ ）。
   A. 最末端 B. 最前端
   C. 中间 D. 任何位置

52. （ ）在施工活动的全部管理工作中属于首位的。
   A. 编制好的施工进度计划 B. 施工过程的各项措施
   C. 施工进度的控制 D. 施工进度计划的编制、实施和控制

53. 案例2：

   B公司承建的某行政大楼的机电安装工程,其中通风与空调工程已进入调试阶段。空调工程要调整各房间风量、风速、温度、湿度和噪声等各项指标。由于系统多、工作量较大,防排烟工程主要在主楼有电梯的建筑部分,防排烟工程要经调试和消防功能验收,系统相对较少。由于作业队长对防排烟系统在理论上对工艺不够熟悉,尤其对诸多调节阀的功能和作用知之甚少,在进度计划实施后,指挥失当、调节效果不大,规定指标较难实现。因而作业进度缓慢,出现较大偏差,距离验收日期临近,施工员发现后进行了调整,预计不能按期完成。

   案例中这种影响进度计划实施的因素主要是（ ）。
   A. 供应商违约,违背采购合同对产品供应质量的约定
   B. 施工方造成的问题
   C. 自然因素导致施工延迟
   D. 供应商与施工方没有商议好

54. 案例3：

   B公司承建的某行政大楼的机电安装工程,其中通风与空调工程已进入调试阶段。空调工程要调整各房间风量、风速、温度、湿度和噪声等各项指标。由于系统多、工作量较大,防排烟工程主要在主楼有电梯的建筑部分,防排烟工程要经调试和消防功能验收,系统相对较少。调试要求各场所的风压值符合规定,风压的分布规律符合要求,项目部依据业主与公安消防机构约定的日期安排了防排烟工程调试的作业进度计划。项目部考虑其系统较少,安排专业施工员负责通风空调工程的调试,作业队长负责防排烟系统调试。由于作业队长对防排烟系统在理论上对工艺不够熟悉,尤其对诸多调节阀的功能和作用知之甚少,在进度计划实施后,指挥失当、调节效果不大,规定指标较难实现。因而作业进度缓慢,出现较大偏差,距离验收日期日益临近,施工员发现后进行了调整,预计不能按期完成。

   发生进度偏差的主要因素是（ ）。
   A. 在项目内部,属于项目管理不当 B. 作业队长不熟悉工艺要求造成的
   C. 项目外部的影响因素 D. 供货商供货质量发生差异

55. 施工过程中大量的设计变更仍需采用（ ）,否则会对竣工结算造成影响。
   A. 任一计取工程量 B. 人工计取工程量

C. 计算机计取工程量 D. 混合计取工程量

56. 中标后、开工前项目部首先要做的是编制实施的施工组织设计，其核心是（　　）。
  A. 工程质量目标的实现
  B. 编制实施的施工组织设计
  C. 使进度、质量、成本和安全的各项指标能实现
  D. 确定质量目标

57. 检查工序活动的结果，一旦发现问题，应采取的措施（　　）。
  A. 继续作业活动，在作业过程中解决问题
  B. 无视问题，继续作业活动
  C. 停止作业活动进行处理，直到符合要求
  D. 停止作业活动进行处理，不做任何处理

58. （　　），由项目部技术负责人向全体员工进行交底。
  A. 工程项目开工前 B. 工程项目开工后
  C. 单位施工开工前 D. 单位施工开工后

59. 纸质载体记录使用复印纸幅面尺寸，宜为（　　）幅面。
  A. A2 B. A3
  C. A4 D. A5

60. 房屋建筑安装工程中排水是（　　）。
  A. 机械流 B. 重力流
  C. 动力流 D. 压力流

三、多选题（共20题，每题2分，选错项不得分，选不全得1分）

61. 施工作业人员的权利包含：（　　）。
  A. 有权获得安全防护用具和安全防护服装
  B. 有权知晓危险岗位的操作规程和违章操作的危害
  C. 作业人员有权施工现场的作业条件、作业程序和作业方式中存在的安全问题提出批评、检举和控告
  D. 应当遵守安全施工的强制性标准
  E. 应当遵守安全规章制度和操作规程

62. 行灯使用应符合下列规定：（　　）。
  A. 电源电压不超过36V
  B. 灯体与手柄应坚固、绝缘良好并耐热耐潮湿
  C. 灯头与灯体结合牢固、灯头无开关
  D. 灯泡外部有金属保护网
  E. 节能灯泡

63. 施工组织设计的类型包括：（　　）。
  A. 施工组织总设计 B. 施工图纸
  C. 单位工程组织施工组织设计 D. 施工方案
  E. 施工要求

64. 施工组织设计的编制的流程：（　　）。
   A. 组织编制组，明确负责人
   B. 收集整理编制依据，并鉴别其完整性和真实性
   C. 编制组分工，并明确初稿完成时间
   D. 工程施工合同、招标投标文件或相关协议
   E. 工程施工合同、招标投标文件或相关协议

65. 施工进度计划的分类，按工程规模分类：（　　）。
   A. 施工总进度计划　　　　　　B. 单位工程施工进度计划
   C. 分部分项工程施工进度计划　　D. 主项工程施工进度计划
   E. 分项工程施工进度计划

66. 进度控制受以下原理影响（　　）。
   A. 动态控制原理　　　　　　　B. 系统原理
   C. 静态控制原理　　　　　　　D. 信息反馈原理
   E. 静态控制原理

67. 进度计划调整的方法有（　　）。
   A. 压缩或延长工作持续时间　　B. 增强或减弱资源供应强度
   C. 施工组织管理不力　　　　　D. 各专业分包单位不能如期履行分包合同
   E. 在不违反工艺规律的情况下改变专业或工序衔接关系

68. 施工机械机具操作要（　　）几方面入手加强安全管理。
   A. 上岗方案的审定　　　　　　B. 完备的操作使用规范
   C. 需持证上岗的人员　　　　　D. 保持机械、机具的完好状态
   E. 安全措施

69. 在质量方面指挥、控制、组织和协调的活动，通常包括（　　）。
   A. 制定质量方针和质量目标　　B. 质量策划
   C. 质量控制　　　　　　　　　D. 质量好坏
   E. 质量改进

70. 施工成本包括（　　）。
   A. 消耗的原材料、辅助材料、外购件等的费用
   B. 施工机械的台班费或租赁费
   C. 支付给生产工人的工资、奖金、工资性津贴等
   D. 因组织施工而发生的组织和管理费用
   E. 周转材料的摊销费或租赁费

71. 对施工方案的比较的方法，技术先进性比较：（　　）。
   A. 比较不同方案实施的技术效率
   B. 比较不同方案的技术水平
   C. 比较不同方案的技术创新程度
   D. 比较不同方案对施工产值增长率的贡献
   E. 比较不同方案实施的安全可靠性

72. 常见的电子巡查系统的线路的形式有（　　）。

A. 在线巡查系统 B. 离线巡查系统
C. 复合巡查系统 D. 自动报警系统
E. 人力巡查系统

73. 防水泵运转产生的噪声干扰要从（　　）。
A. 水泵机组隔振 B. 管道隔振
C. 支架隔振 D. 接口隔振
E. 管道压力

74. 防排烟系统包括（　　）。
A. 正压送风系统 B. 正压回风系统
C. 管道系统 D. 灭火系统
E. 排烟系统

75. 金属风管制作加工顺序由（　　）几个子顺序合成。
A. 板材加工 B. 型材加工
C. 组合 D. 样板加工
E. 卷材

76. 工程实体的形成应是（　　）。
A. 符合施工顺序 B. 符合工艺规律
C. 符合施工要求 D. 符合施工进度
E. 符合当前的科学技术水平

77. 案例4：

A公司承建的某医院通风与空调工程已处于试运转阶段，冷却水管道正在按计划进行用玻璃纤维瓦进行保冷。有三个作业班组平行作业于不同楼层，他们是共同完成了底层门诊大厅挂号室的冷却水保温工作而分工去各个楼层的，原因是门诊大厅的挂号室工程量大，天气渐热、人员密集流动性大，院方急于要使用，因此试运转通冷却水安排为首批。通水后发现玻璃纤维瓦浸满了凝结水，不断往外滴漏，犹如雨淋一般，究其原因，保冷瓦的内径与被保冷管外径不一致，留有空隙，致管壁结露，外敷的铝箔也不紧密，出现了如上所述的质量问题。施工员为此修正了进度计划，并进行了有关调度工作。

影响作业进度计划实施的可能有（　　）。
A. 项目内部的施工方法失误造成的返工
B. 项目外部的影响因素
C. 对原材进场验收把关不严
D. 供货商供货质量发生差异
E. 在施工前做好技术交底工作

78. 招标文件会对工程量提出的解释有（　　）。
A. 不论何种情况提供的工程量清单均不作调整
B. 在招标答疑会上允许提出疑问
C. 解释招标工程
D. 招标工程方案
E. 在施工前做好技术交底工作

79. 施工质量策划的结果包括（　　）。
A. 确定质量目标
B. 建立管理组织机构
C. 制定项目部各级部门和人员的职责
D. 编制施工组织计划或质量计划
E. 在企业通过认证的质量管理体系的基础上结合本项目实际情况，分析质量控制程序等有关资料是否需要补充和完善

80. 油漆作业的防护主要有以下几个方面（　　）。
A. 油漆作业时，应通风良好，戴好防护口罩及有关用品
B. 患有皮肤过敏、眼结膜炎及对油漆过敏者不得从事该项作业
C. 油漆作业应在工作中考虑适当的工间休息
D. 低血压者不可进行油漆作业
E. 室内配料及施工应通风良好且站在上风头

施工员（设备方向）岗位知识与专业技能试卷答案与解析

一、判断题（共20题，每题1分）

1. 正确
【解析】施工单位应当根据不同施工阶段、不同季节、气候变化等环境条件的变化，编制施工现场的安全措施。如施工现场暂时停止施工的，应当做好现场的防护。

2. 正确
【解析】根据国家标准《建筑施工组织设计规范》GB/T 50502-2009：施工组织设计以施工项目为对象编制的，用于指导施工的技术、经济和管理的综合性文件。

3. 正确
【解析】规模较大的分部工程和专项工程的施工方案要按单位工程施工组织设计进行编制和审批。

4. 正确
【解析】施工进度计划是把预期施工完成的工作按时间坐标序列表达出来的书面文件。

5. 正确
【解析】进度控制的目的是在进度计划预期目标引导下，对实际进度进行合理调节，以使实际进度符合目标要求。

6. 错误
【解析】施工现场管理的基本要求：在管理实施中坚持"以人为本、风险化减、全员参与、管理者承诺、持续改进"的理念。

7. 正确
【解析】质量好坏和高低是根据产品所具备的质量特性能否满足人们需求及满足程度来衡量的。

8. 正确
【解析】管理目的是要在保证工期、质量安全的前提下，采取相应的管理措施，把成本控制在计划范围内，并进一步寻求最大程度的成本降低途径，力争成本费用最小化。

9. 正确
【解析】成本管理的基本程序就是宏观上成本控制必须做到的六个环节或六个方面：成本预测；成本计划；成本控制；成本核算；成本分析；成本考核。

10. 正确
【解析】汽车式起重机具有机动性能好、运行速度快、转移方便等优点，在完成较分散的起重机作业时工作效率突出。

11. 错误
【解析】房屋建筑安装工程的承包单位是建筑工程承包单位的分包单位。

12. 错误
【解析】在给水排水工程和通风与空调工程的施工图中大量采用轴测图表示，原因是轴测图立体感强，便于作业人员阅读理解。

13. 错误

【解析】施工技术交底是施工活动开始前的一项有针对性的、关于施工技术方面的、技术管理人员向作业人或上级技术管理人员向下级技术管理人员做的符合法规规定、符合技术管理制度要求的重要工作，以保证施工活动案计划有序地顺利展开。

14. 错误

【解析】试压前施工员应先确定试压的性质是单项试压还是系统试压。

15. 正确

【解析】空间顺序的目的是解决施工的流向，施工的流向是由施工组织、缩短工期和保证施工质量三个方面的要求决定的。

16. 正确

【解析】施工活动的结果是形成工程实体，工程实体的形成是符合施工顺序、符合工艺规律、符合当前的科学技术水平，而这三个符合体现在施工进度计划编制过程中。

17. 正确

【解析】材料、施工机具的配置按作业计划安排分室内室外两大部分。

18. 正确

【解析】无论人工计算工程造价还是计算机计算工程造价，前提条件是对施工图纸的熟悉程度，决定了计取工程量的准确性。

19. 错误

【解析】质量交底可以与技术交底同时进行，施工员可邀请质量员共同参加对作业队组的质量交底工作。

20. 错误

【解析】施工平面布置方面：施工场地的坑、洞均应有防坠落伤人的安全措施，装有设备的地坑内有排水设施。

二、单选题（共40题，每题1分）

21. A

【解析】施工作业人员的权利：有权获得安全防护用具和安全防护服装；有权知晓危险岗位的操作规程和违章操作的危害；作业人员有权施工现场的作业条件、作业程序和作业方式中存在的安全问题提出批评、检举和控告；有权拒绝违章指挥和强令冒险作业；在施工中发生危及人身安全的紧急情况时，作业人员有权即停止作业或采取必要的应急措施后撤离危险区域。

22. C

【解析】建筑工程检测的目的：为保证建筑工程质量、提高经济效益和社会效益，建筑工程质量检测工作是建筑工程质量监督的重要手段。

23. B

【解析】应选用安全电压照明器，潮湿和易触及带电的场所，电源电压不大于24V。

24. A

【解析】施工组织总设计以若干单位工程组成的群体工程或特大型工程项目为主要对象编制的施工组织设计，有对整个项目的施工过程起到统筹规划、重点控制的作用。

25. B

【解析】单位工程施工组织设计以单位工程为主要对象编制的施工组织设计,对单位工程的施工工程起指导和制约作用。

26. C

【解析】施工方案以分部工程或专项工程为主要对象编制的施工技术和组织方案,用以具体指导其施工工程。

27. D

【解析】主要施工管理计划包括进度管理计划、质量管理计划、安全管理计划、环境管理计划、成本管理计划以及其他管理计划。

28. B

【解析】施工作业进度计划是对单位工程进度计划目标分解后的计划,可按分项工程或工序为单元进行编制。

29. C

【解析】进度控制受以下原理影响:动态控制原理;系统原理;信息反馈原理;弹性原理;循环原理。

30. D

【解析】进度计划调整的方法有:压缩或延长工作持续时间;增强或减弱资源供应强度;改变作业组织形式;在不违反工艺规律的情况下改变专业或工序衔接关系;修正施工方案。

31. A

【解析】高空作业要从作业人员的身体健康状况和配备必要的防护设施两方面入手加强安全管理。

32. A

【解析】环境事故发生后的处置:按应急预案立即采取措施处理,防止事故扩大或发生次生灾害;及时通报可能受到污染危害的单位和居民;向企业或工程所在地环境保护行政主管部门或建设行政主管部门报告;暂停相关施工作业,保护好事故现场;积极接受事故调查处理。

33. A

【解析】施工项目质量管理的特点:影响质量的因素多;容易产生质量变异;易产生第一、第二判断错误;质量检查不能解体、拆卸;质量易受投资、进度制约。

34. C

【解析】实测法,实测检查法的手段可归纳为靠、吊、量、套四个字。

35. D

【解析】企业的成本管理责任体系包括两个方面:一是企业管理层,其管理从投标开始止于结算的全过程,着眼于体现效益中心的管理职能;二是项目管理层,其管理以企业确定的施工成本为目标,体现现场生产成本控制中心的管理职能。

36. A

【解析】成本计划是在预测的基础上,以货币形式编制的在工程施工计划期内的生产费用、成本水平和成本降低率,以及为降低成本采取的主要措施和规范的书面文件,是该工程降低成本的指导性文件,是进行成本控制活动的基础。

37. A

【解析】工程的承包合同主要指预算收入为基本控制目标。

38. C

【解析】导轨架的作用是用以支承和引导吊笼、对重等装置运行,使运行方向保持垂直。

39. D

【解析】捯链的起重能力一般不超过10t,起重高度一般不超过6m。

40. C

【解析】焊机的一、二次电源线均采用铜芯橡皮电缆;一次线长度不宜超过2~3m。

41. A

【解析】A公司接到B公司的施工总进度计划后,应策划价值设备安装施工接到计划:第一阶段是与土建工程施工全面配合阶段;第二阶段是全面安装的高峰阶段;第三阶段是安装工程由高峰转入收尾,全面进行试运转阶段。

42. A

【解析】施工方案比较通常用技术和经济两个方面进行分析,方法为定性和定量两种,定量分析要大量的数据积累,这些数据是随着时间和技术进步而变动的。定性分析要有较多的经验积累,这些经验不仅有个人的,更主要是团队的项目管理班子集体的。

43. D

【解析】图例符号阅读:阅读前要熟悉图例符号表达的内涵,要注意对照施工图的设备材料表,判断图例的图形是否符合预想的设想;阅读中要注意施工图上标注的图例符合,是否图形相同而含义不一致,要以施工图标示为准,以防阅读失误。

44. A

【解析】测量矩形断面的测点划分面积不大于$0.05m^2$,控制边长在200~250mm间,最佳为小于220mm。

45. A

【解析】施工技术交底的内容主要包括技术和安全两个主要方面。技术方面有:施工工艺和方法、技术手段、质量要求、特殊仪器仪表使用等;安全方面有:安全风险特点、安全防范措施、发生事故的应急预案等。

46. B

【解析】交底时技术方面包括每根电缆的走向、规格,按测绘长度的同规格拼盘方式和部位。

47. A

【解析】对风管材料进场验收的内容主要包括风管的材质、规格、强度和严密性与成品的外观质量。

48. A

【解析】水泵运转时发生跳动,大部分原因是转动部分不平衡,产生离心力所致。

49. B

【解析】ZC-8接地电阻测量仪使用注意事项有:接地极、电位探测针、电流探测针三者成一直线,电位探测针居中,三者等距,均为20m。

50. A

【解析】如施工中某段管子需隐蔽的,则该段管子应先进行灌水试验和通球试验。

51. A

【解析】接闪器安装要排在最末端。

52. D

【解析】施工进度计划的编制、实施和控制在施工活动的全部管理工作中属于首位的。

53. A

【解析】这种影响进度计划实施的因素属于项目外部造成的,主要是供应商违约,违背采购合同对产品供应质量的约定。

54. A

【解析】发生进度偏差的主要因素是在项目内部,属于项目管理不当。

55. B

【解析】施工过程中大量的设计变更仍需采用人工计取工程量,否则会对竣工结算造成影响。

56. C

【解析】中标后、开工前项目部首先要做的是编制实施的施工组织设计,而其核心是使进度、质量、成本和安全的各项指标能实现,关键是工程质量目标的实现。

57. C

【解析】检查工序活动的结果,一旦发现问题,即停止作业活动进行处理,直到符合要求。

58. A

【解析】工程项目开工前,由项目部技术负责人向全体员工进行交底,内容包括工程概况、施工方法、主要安全技术措施等。

59. C

【解析】纸质载体记录使用复印纸幅面尺寸,宜为A4幅面。

60. B

【解析】房屋建筑安装工程中排水是重力流。

三、多选题(共20题,每题2分,选错项不得分,选不全得1分)

61. ABC

【解析】施工作业人员的权利:有权获得安全防护用具和安全防护服装;有权知晓危险岗位的操作规程和违章操作的危害;作业人员有权施工现场的作业条件、作业程序和作业方式中存在的安全问题提出批评、检举和控告;有权拒绝违章指挥和强令冒险作业;在施工中发生危及人身安全的紧急情况时,作业人员有权即停止作业或采取必要的应急措施后车里危险区域。

62. ABCD

【解析】行灯使用应符合下列规定:电源电压不超过36V;灯体与手柄应坚固、绝缘良好并耐热耐潮湿;灯头与灯体结合牢固、灯头无开关;灯泡外部有金属保护网;金属网、反光罩、悬挂吊钩规定在灯具的绝缘部位上。

63. ACD

【解析】施工组织设计的类型：施工组织总设计；单位工程组织施工组织设计；施工方案。

64. ABC

【解析】施工组织设计的编制的流程：组织编制组，明确负责人；收集整理编制依据，并鉴别其完整性和真实性；编制组分工，并明确初稿完成时间等。

65. ABC

【解析】施工进度计划的分类，按工程规模分类：有施工总进度计划、单位工程施工进度计划、分部分项工程施工进度计划等。

66. ABD

【解析】进度控制受以下原理影响：动态控制原理；系统原理；信息反馈原理；弹性原理；循环原理。

67. ABE

【解析】进度计划调整的方法有：压缩或延长工作持续时间；增强或减弱资源供应强度；改变作业组织形式；在不违反工艺规律的情况下改变专业或工序衔接关系；修正施工方案。

68. BCD

【解析】施工机械机具操作要保持机械、机具的完好状态，完备的操作使用规范，需持证上岗的人员三方面入手加强安全管理。

69. ABCE

【解析】在质量方面指挥、控制、组织和协调的活动。通常包括制定质量方针和质量目标以及质量策划、质量控制、质量保证和质量改进。

70. ABCDE

【解析】施工成本是指在工程项目施工过程所发生的全部生产费用的总和。包括：消耗的原材料、辅助材料、外购件等的费用，也包括周转材料的摊销费或租赁费；施工机械的台班费或租赁费；支付给生产工人的工资、奖金、工资性津贴等；因组织施工而发生的组织和管理费用。

71. ABCE

【解析】对施工方案的比较的方法是从技术和经济两方面进行。技术先进性比较：比较不同方案的技术水平；比较不同方案的技术创新程度；比较不同方案的技术效率；比较不同方案实施的安全可靠性。

72. ABC

【解析】电子巡查系统的线路的形式有在线巡查系统、离线巡查系统和复合巡查系统三种。

73. ABC

【解析】防水泵运转产生的噪声干扰要从水泵机组隔振、管道隔振、支架隔振三个方面入手。

74. AE

【解析】防排烟系统包括：正压送风系统；排烟系统。

75. ABC

【解析】金属风管制作加工顺序反映了金属薄板风管以现有加工机械制作的全部顺序安排，计由板材加工、型材加工、组合三个子顺序合成。

76. ABE

【解析】施工活动的结果是形成工程实体，工程实体的形成是符合施工顺序、符合工艺规律、符合当前的科学技术水平，而这三个符合体现在施工进度计划编制过程中。

77. ABCD

【解析】影响作业进度计划实施的有项目内部的施工方法失误造成的返工，还有可能是对原材进场验收把关不严，也有可能是供货商供货质量发生差异，属于项目外部的影响因素。

78. AB

【解析】招标文件会对工程量提出两种不同的解释，一种是不论何种情况提供的工程量清单均不作调整，另一种是在招标答疑会上允许提出疑问，后一种情况说明工程量复核的必要性。

79. ABCDE

【解析】施工质量策划的结果包括：确定质量目标；建立管理组织机构；制定项目部各级部门和人员的职责；编制施工组织计划或质量计划；在企业通过认证的质量管理体系的基础上结合本项目实际情况，分析质量控制程序等有关资料是否需要补充和完善。

80. ABCE

【解析】油漆作业的防护主要是对人和工作环境的防护，主要有以下几个方面：油漆作业时，应通风良好，戴好防护口罩及有关用品；患有皮肤过敏、眼结膜炎及对油漆过敏者不得从事该项作业；油漆作业应在工作中考虑适当的工间休息；室内配料及施工应通风良好且站在上风头等。